Die Erfindung der Drahtseilbahnen

edition.epilog.de

Abb. 1.

Gustav Dieterich

Franz Ržiha • Jacob Leupold • Adolph Hohenstein • A. Lämmerhirt

Die Erfindung der Drahtseilbahnen

Eine Studie aus der Entwicklungsgeschichte des Ingenieurwesens

Zeitreisen zur Kultur + Technik
Herausgegeben von Ronald Hoppe
edition·epilog.de

Bibliografische Information der Deutschen Nationalbibliothek:
Die Deutsche Nationalbibliothek verzeichnet diese Publikation
in der Deutschen Nationalbibliografie; detaillierte bibliografische
Daten sind im Internet über http://dnb.dnb.de abrufbar.

Ausgewählt, redigiert und gestaltet von Ronald Hoppe
Verlag: BoD · Books on Demand GmbH, In de Tarpen 42, 22848 Norderstedt, bod@bod.de
Druck: Libri Plureos GmbH, Friedensallee 273, 22763 Hamburg

ISBN: 978-3-7693-4011-2

Die Erfindung der Drahtseilbahnen

Ergänzende Beiträge

Editorische Anmerkung

In der vorliegenden erweiterten Neuausgabe sind die in der
ursprünglichen Ausgabe von 1908 teilweise nur in Auszügen
zitierten oder in Fußnoten erwähnten Beiträge aus zeitgenössischen
Zeitschriften vollständig wiedergegeben. Die Originaltexte wurden
in die aktuelle Rechtschreibung umgesetzt und behutsam redigiert.
Bei Längenangaben und anderen Maßen erfolgte gegebenenfalls
eine Umrechnung in das metrische System.

Einleitung

Die Entstehung der Luftbahnen oder Seilbahnen muss uns in ihren Anfängen ein ebenso naturgemäßer und selbstverständlicher Vorgang erscheinen, wie etwa die Erfindung des Hammers, den der Urmensch sich in ganz naturnotwendiger Weise aus dem Stein, den er zu primitiven Arbeiten in die Hand nahm, entwickelte, wie die Entstehung der ersten Brücke aus einem über eine schmale Schlucht, über einen natürlichen Graben gelegten Baumstamm. Die Natur selbst, namentlich in den Tropen, bietet ja Wege durch die Luft, die ganz von selbst entstanden sind, in reichlicher Menge dar: Eine Liane, eine große Schlingpflanze, spannt sich von Baum zu Baum, das die Urwälder bewohnende Tier benutzt diesen natürlichen Weg in seinem Instinkt von selbst. Gewisse Tierarten, wie der Affe, das Faultier, das während seiner ganzen Lebenszeit den festen Boden nicht freiwillig berührt, zeigen, indem sie an ihren Extremitäten hängend, diesen Weg passieren, dem Menschen ganz von selbst die Art der Verwendung eines solchen, indem sie ihn mit unter der Bahn hängendem Körper, also im stabilen Gleichgewicht, passieren. Noch heute finden wir in den wenig der Kultur erschlossenen Gegenden des inneren Afrika, ebenso wie in Hinterindien, auf Java, dem Inneren von Sumatra an Tausenden und Abertausenden von Plätzen natürliche hängende Brücken, die aus nichts mehr bestehen, wie aus einigen zusammengedrehten, an einem Ufer eines Flusses wurzelnden Schlinggewächsen, die über diesen hinausgespannt, auf der anderen Seite an einem Baume befestigt sind, und die als Hängebrücke, als ein durch natürliche Seile gebildeter Weg angesprochen werden müssen.

Die ersten Luftbahnen mussten aus dem ganz natürlichen Bestreben entstehen, bei dem Austausch der körperlichen Güter von der Gestaltung des Bodens, der mit seinen Erhöhungen und Vertiefungen, seiner Unebenheit, der Bewegung großer Massen erheblichen Widerstand entgegensetzt, unabhängig zu werden, die Massenbewegungen in die Luft zu verlegen, wo sie in grader Linie beliebige Entfernungen durcheilen können. Da aber die Luft ebenso wenig Balken hat, wie das Wasser, dessen Tragfähigkeit schwimmenden Körpern gegenüber man längst erkannt, das als Verkehrsmittel man längst benutzen gelernt hatte, musste man nach einer geeigneten Unterstützung suchen, an der die Lasten schwebend bewegt werden konnten, und diese bot ganz naturgemäß auf kurze Strecken der Balken, die Brücke, auf große Entfernungen das Seil.

Das Seil darf als eines der ältesten mechanischen Elemente angesehen werden. Man muss schon in den aller frühesten Zeiten der Menschheit erkannt haben, dass sich durch das Zusammenwinden einzelner biegsamer und elastischer Fäden, mochten es aus Tierhäuten geschnittene Riemen oder Pflanzenfasern sein, zugfeste Seile herstellen lassen, deren Festigkeit diejenige der etwa nur parallel nebeneinandergelegten in ihrer Summe übersteigt, da nur durch das Verwinden oder Verflechten der Fäden eine annähernd gleiche Beanspruchung aller Fasern zu erzielen war. Aber nicht allein die Seile aus Fasern organischen Ursprunges sind als solche alten Maschinenelemente zu betrachten, neueren Forschungen und Entdeckungen ist es gelungen, nachzuweisen, dass Drahtseile mit großer Bestimmtheit schon zu Beginn unserer Zeitrechnung existiert haben, der Fund eines aus Bronzedrähten hergestellten Seiles in den Ruinen von Pompeji beweist dies, ebenso wie zweifellos den Ägyptern schon weit vor dieser Zeit Drahtseile bekannt gewesen sein müssen.

Die Kenntnis der Drahtseile hätte natürlich die vorherige Kenntnis der Drähte vorausgesetzt, aus Metallen hergestellter Fasern, die als Ersatz des Materials der Faserseile hätten dienen können, und diese Herstellung von Drähten lässt sich zurückverfolgen bis in die frühesten Zeiten geschichtlicher Aufzeichnung überhaupt. Erwähnenswert mag sein, dass z. B. Golddrähte schon in der Bibel genannt werden als Material für die Stickereien der Priestergewände des Aaron. Das Kensington-Museum besitzt Drahtüberreste aus den Ruinen von Ninive etwa 800 v. C. Homer und Plinius lassen in ihren Schriften mehrfach deutliche Hinweise auf das Bekanntsein mit Drähten oder dünnen Fäden aus Metall erkennen. Allerdings sind die damaligen Drähte nicht in unserem heutigen Sinne durch Ziehen angefertigt (mit Ausnahme vielleicht der Golddrähte) sondern nur ausgehämmert, ebenso wie die Kenntnis speziell eiserner Drähte im Altertum unbekannt gewesen sein dürfte. Lediglich von Gold-, Silber- und Bronzedrähten lassen sich im Altertum entweder Überreste oder Mitteilungen nachweisen, wenn es auch nicht ganz unmöglich wäre, dass dadurch, dass Eisen durch Rost der vollständigen Zerstörung ausgesetzt ist, etwaige Überbleibsel eiserner Drähte ganz verschwunden sein könnten.

Das Drahtziehen selbst ist eine Erfindung des Mittelalters und offenbar eine deutsche Erfindung, deren Ursprung wahrscheinlich nach dem Lennegebiet zu verlegen ist. Jedenfalls war die Herstellung eiserner Drähte im Lennegebiet im 14. Jahrhundert bekannt. Wir finden in Chroniken von Augsburg und Nürnberg, die aus dem Jahr 1351 bzw. 1360 herrühren, den Ausdruck ›Drahtzieher‹ in Verbindung mit dieser Industrie. Kurz nach dem erwähnten Zeitraum errichtete ein gewisser Rudolf in Nürnberg dann eine Drahtzieherei unter Verwendung einer sogenannten Ziehplatte, die höchstwahrscheinlich schon eine Verbesserung der

Kunst des Drahtziehens von Hand darstellte und die Drahtzieherei auf eine gewisse Stufe von Vollkommenheit brachte. Wenigstens deuten die Schriften von Conrad Celdes, etwa ums Jahr 1490, darauf hin. Gegen das Jahr 1500 soll ein gewisser Richard Archal die Drahtzieherei in Frankreich eingeführt haben, 1565 findet man in England Maschinen zur Herstellung gezogener Eisendrähte, die offenbar durch einen Sachsen C. Schultz dort eingeführt worden waren, der gemeinsam mit einem gewissen Calleb Bel in Groß-Greenfield-Valley eine durch Wasserkraft betriebene Drahtzieherei errichtete, deren Überreste noch heute vorhanden sind. Die ersten Anfänge der Gründung einer der größten Drahtfabriken der Welt, der Firma Felten & Guilleaume, fallen in das Jahr 1750, in dem von Felten, eine Drahtzieherei auf für damalige Verhältnisse schon Großindustrieller Grundlage in der Nähe von Köln errichtet wurde.

Die ersten Drahtseile, die sich nachweisen lassen, selbst das vor einigen Jahren in den Ruinen von Pompeji aufgefundene, schließen sich in ihrer Konstruktion unmittelbar an die Faserseile an, d. h. sie besitzen Kreuzschlag. Es kann angenommen werden, dass man ohne eigentliche Kenntnisse des Verhaltens der Drähte in einem Seil einfach das organische Fasermaterial durch Metallfasern ersetzte. Es ist mehr wie wahrscheinlich, dass sich solche Drahtseile (auch aus Eisendrähten), durch das ganze Mittelalter hindurchziehen, ohne dass sie jedoch eine umfassende Anwendung gefunden hätten. Vielfache Notizen aus dem Harzer Bergbau, namentlich Calvoer 1763, ebenso Mathesius (1504 – 1566) erwähnen neben ledernen Seilen auch Eisenseile, die Professor Hoppe in Clausthal allerdings als langgliederige Ketten angesehen haben will. Unter den wissenschaftlichen und technischen Aufzeichnungen des Leonardo da Vinci (1452 – 1519) findet sich jedoch ein unmittelbarer Hinweis auf das Drahtseil in der Beschreibung eines Paternosterwerkes mit Tretrad, wozu sich der Text befindet: *»Das Seil für obiges Instrument muss von Drähten aus geglühtem Eisen oder Kupfer sein, andernfalls ist es von geringer Dauer, und die genannten müssen so dick sein wie Bogenschnur usw.«* In allen diesen Fällen dürfte es sich jedoch wohl kaum um eine wirkliche Erfindung eines Drahtseiles in dem heutigen Sinne gehandelt haben. Es waren, wie dies auch schon hier unter der Beleuchtung der Erfindung von Seilbahnen mehrfach erwähnt wird, höchstwahrscheinlich nur Einzelverwendungen, die sich aus den augenblicklichen Bedürfnissen ergaben. Unzweifelhaft nachgewiesen ist, dass 1821 – 22 bei Genf eine Seilbrücke aus Drahtseilen gebaut worden ist, deren einzelne Tragseile aus einer Anzahl paralleler oder nur sehr schwach gegeneinander verdrehter Drähte bestanden, die durch eine äußere Hülle von dünneren Drähten zusammengehalten wurden.

Als der wirkliche Erfinder des heute bekannten Drahtseilsystems, als der Erfinder der Litzenseile mit parallelem Schlag, die sich also grundlegend von den alten Faserseilen unterscheiden, ist der bekannte Oberbergrat Albert in Clausthal (1787 – 1846) anzusehen. Ihm gebührt zweifellos das Verdienst, mit seinen in Parallelschlag (oder nach ihm genannten ›Albert‹-Schlag) hergestellten Seilen der gesamten Fördertechnik überhaupt erst eine Grundlage gegeben zu haben, auf der sie sich zu ihrer heutigen Höhe entwickeln konnte. Die ersten von ihm hergestellten Seile fallen in das Jahr 1834. Schon etwa in das Jahr 1837 fällt die fabrikmäßige Aufnahme der Drahtseilherstellung durch die Firma Felten & Guilleaume in Köln, kurz danach aber auch die Einführung dieser Fabrikation in England. Eine gewisse Unsicherheit in Bezug auf Albert könnte lediglich da erblickt werden, dass ein gewisser J. Wilson in Derby in den 1880er

Jahren darauf öffentlich Anspruch gemacht hat, schon 1832 Litzenseile für die Haydock Collieries in Lancashire angefertigt zu haben.

Aus der nachweislich 1822 in Genf zum ersten Mal angewandten, von den Engländern ›Selvagee‹ genannten Konstruktion, die 1835 ebenfalls zum Bau der Freiburger Hängebrücke in einer Spannweite von beinahe 250 m Anwendung fand, und die noch bis in die neueste Zeit hinein, namentlich bei dem Bau der New Yorker und Brooklyner Brücken angewandt wurden, dürften sich die heute für den Drahtseilbahnbau als Laufbahn so wichtig gewordenen Spiralseile entwickelt haben, deren letzte Verbesserung zu verschlossenen Seilen etwa 1884 von Latch & Bachlor in die Öffentlichkeit gebracht wurde.

Schwebende Seilbahnen vor Anwendung des Drahtseils

Mit dem Seil sind zwei Möglichkeiten gegeben, einen Lufttransport einzurichten, einmal die, das Seil als feste Schiene, als sehr schmale Fahrbahn, gewissermaßen als linienförmige Straße in die Luft zu verlegen und über dieselbe hinweg, wie auf jeder anderen Straße auch, bewegte Wagen laufen, Lasten sich bewegen zu lassen, oder aber, als zweite Lösung: Man zog ein bewegliches Seil zwischen den zu verbindenden Punkten hin und her und benutzte dieses bewegte Seil als Lastträger, bei dem die Last relativ zum Seil ruhig steht.

Für beide Grundformen, heute als Einseil- und Zweiseilsystem bekannt, liegen Beispiele aus den ältesten Zeiten vor, und zwar Beispiele, die teilweise eine sehr bemerkenswerte Durcharbeitung der Einzelheiten aufweisen, wenn sie auch niemals mehr darstellen, als eine auf einen bestimmten Fall zugeschnittene konstruktive Lösung. Hiernach kann aber von einer auf Erkenntnis des Prinzips beruhenden Erfindung in der neuen Technik überhaupt nicht mehr gesprochen werden. Jede Weiterarbeit auf diesem Gebiete musste sich vielmehr auf eine geeignete, technisch wiederholbare und gewerblich verwertbare Ausführungsform beschränken, auf die Erfindung eines den Fortschritten der neuzeitlichen Technik entsprechenden, allgemein brauchbaren und in sich abgeschlossenen konstruktiven Systems.

Aber gerade diese Aufgabe stellt in ihrer Gesamtheit so außerordentlich hohe Ansprüche, dass ihre Lösung in ihrer Bedeutung für die Technik weit über das hinausgeht, was die Erkenntnis der Grundformen bedeutete. Bei letzterer handelt es sich nur mehr oder weniger um die mit künstlichen Mitteln hervorzubringende Nachahmung hier und da gegebener natürlicher Vorbilder. Zur Schaffung eines ganzen konstruktiven Systems aber konnten diese Grundformen lediglich als gegebene Unterlagen benutzt werden, zu ihnen musste aus dem großen Gebiet der übrigen technischen Elemente zuerst das herausgesucht werden, was dazu dienen konnte, sie zur Verwendung unter allgemeinen Verhältnissen zu benutzen, und diese Ergänzung hatte stattzufinden, einmal unter umfangreicher Schaffung neuer mechanischer Elemente und Formen, ein anderes Mal unter stetiger Berücksichtigung des neben dem technischen Fortschritt zu erzielenden wirtschaftlichen Erfolges des so neu geschaffenen Systems.

Die historischen Quellen und die Literatur, aus denen eine Geschichte der Entwickelung des Luftseilbahnbaues zu schöpfen hat, sind sehr spärlicher Natur, namentlich lässt es sich fast nirgends nachweisen, dass etwa eine im oder vor dem Mittelalter gebaute Seilbahn einer bestimmten Art einer anderen als Vorbild gedient hätte, dass die Ausführung der Idee eines zu damaliger Zeit über den Durchschnitt hinausragenden Baumeisters insofern fruchtbringend gewesen wäre, als sie andere zur Nachahmung angereizt hätte. Man gewinnt bei der Betrachtung fast aller älteren Bahnen den Eindruck, als habe jeder Erbauer derselben die Idee erst ganz neu gefasst. Diejenigen Nachweise über schwebende Seilbahnen aus früheren Jahrhunderten, die in technischen oder wissenschaftlichen Werken zu finden sind, lassen den Mangel einer Weiterentwicklung, trotz der zeitlichen Folge, in der sie festgestellt werden können, sehr bemerken. So findet man Literaturstellen, in denen ältere Bahnen mit verhältnismäßig weit entwickelter Einzel-Konstruktion beschrieben und dargestellt sind, aus früheren Zeiten, als spätere von äußerst primitiven und unbeholfenen Bauarten. Die früheste in der wissenschaftlichen bzw. technischen Literatur des Abendlandes festgestellte Beschreibung einer Seilbahn stammt aus dem Beginn des 15. Jahrhunderts. Es ist aber nicht anzunehmen, dass zu Beginn des 15. Jahrhunderts die ersten Seilbahnen überhaupt erst gebaut worden sind. Wir kennen aus alten chinesischen und japanischen Darstellungen, teilweise auch aus den Ergebnissen einer vergleichenden Sprachforschung, ferner aus heute noch bestehenden Resten alter Anlagen, namentlich in Hinterindien, Schwebebahnen, deren Anlage weit vor das 15. Jahrhundert zu legen ist.

Auffällig ist, dass in den vielen Veröffentlichungen der alten Römer oder Griechen sich so wenig finden lässt, das auf die Verwendung des hier besprochenen Transportmittels verweisen könnte. Es ist dies um so auffälliger, als gerade bei den Römern die oftmals sehr eilige Erschließung der von ihnen in ihren vielen Kriegen eroberten fremden Gebirgsteile in Mittel- und Südeuropa, die zum größten Teile gebirgiger Natur sind, die Anlage solcher Verbindungswege an schwierigen Punkten geradezu gefordert hätte; wissen wir doch ganz bestimmt, dass den Römern sogar schon die Drahtseile bekannt waren, dass bei ihnen die Verwendung von Faserseilen, namentlich zu äußerst verwickelten Hebevorrichtungen, eine sehr vollkommene Ausbildung erlangt hatte, und dass nachweislich Seiltänzer den Römern nicht ganz unbekannte Artisten waren.

Auch bei den Griechen, die sich einer doch sehr hoch entwickelten Bautechnik erfreuten, lässt das Fehlen solcher Spuren Wunder nehmen, was vielleicht weniger der Fall zu sein braucht bei den alten Ägyptern. War bei diesen auch die Verwendung von Faserseilen, und vermutlich auch, da ihnen die Herstellung von gehämmerten Drähten bekannt war, möglicherweise sogar schon die Verwendung von Drahtseilen oder drahtseilähnlichen Maschinenelementen bekannt, so bot sich ihnen in ihrem gebirgslosen Lande fast gar keine Gelegenheit zur Anlage von schwebenden Transporteinrichtungen. Fast scheint es, als sei das Transportmittel der schwebenden Bahnen den Völkern des Mittelmeerbeckens im Altertum tatsächlich unbekannt geblieben. Es lässt sich dies um so eher vermuten, da eines der ältesten Schriftwerke der Kulturwelt, die Bibel, die oft, wenn auch manchmal nur in schwer auffindbaren Hinweisen (z. B. Drahtherstellung) auf die Verwendung weit fortgeschrittener technischer Einrichtungen schließen lässt, nirgends auch nur eine einzige Stelle enthält, die nach der Richtung gedeutet werden könnte, als sei eine solche Einrichtung in dem großen Zeitraum, den sie überspannt, bekannt gewesen.

Abb. 2. Alte japanische Seilbrücke.

Als bestimmt anzunehmen ist es aber, dass den Völkern des Ostens, den Chinesen und namentlich den Japanern, deren Land mit seinen vielen gebirgigen Erhebungen, mit seinen tiefen Zerklüftungen einen sehr geeigneten Boden für die Entwickelung dieses Transportsystems bot, geradezu zu seiner Ausbildung aufforderte, die Seilschwebebahnen wohl schon seit mindestens 1000 bis 2000 Jahren bekannt waren *(Abb. 2)*. Bei der Zähigkeit, mit der namentlich die hinterindischen Völkerschaften an dem Hergebrachten festhalten, mit der sie ihre Kleidung, ihre Literatur, ihre Gebrauchsgeräte unverändert durch Jahrtausende bewahrt haben, bieten sie uns eine wertvolle Fundgrube für viele Erfindungen und technische Konstruktionen, die oftmals bei uns erst ein Alter von wenigen Jahrzehnten haben, die dort tief versteckt in den unzugänglichen Gebirgen, durch die Selbstverständlichkeit, mit der sie von diesen Völkern benutzt wurden, kaum als des Beschreibens wert angesehen, seit vielen Jahrhunderten vorhanden sind.

Mit dem Worte ›Shula‹ auch ›Chinka‹ bezeichnen die Gebirgsbewohner des Himalaya ein starkes über einen Strom gespanntes Seil. In demselben läuft ein Holzblock, der zum Sitzen der Passagiere dient und der über den Strom hin- und hergezogen werden kann. Eine solche Shula befindet sich angeblich jetzt noch im Betrieb bei Rampur über dem Setledsch, wie die Anzahl dieser Brücken überhaupt in den indischen Gebirgsländern eine ziemlich große ist.

Ferner wird heute noch von den Eingeborenen in der Provinz Kaschmir in Indien etwa 100 km westlich von der Residenz des Maharadschas der Jhelam-Fluss überschritten, mit einer Seilbahn, wie sie *Abb. 3* zeigt.

Zur Zeit der Schneeschmelze stürzen mächtige Wassermengen von dem Tal des Jhelam herunter und strömen mit größter Geschwindigkeit, in dem Chanab-Fluss sich vereinigend, in den Punjab und gelangen von da nach dem Indus. Diese reißenden Wasser werden von einem etwa 25 mm starken Seil aus zusammengedrehter Rohhaut überspannt. Ein aus einem gabelförmig gewachsenen Holz hergestelltes Joch hängt über diesem Seil und trägt zwei Seilschlingen, die als Sitz für den Eingeborenen dienen, der diese Seilbahn passieren will. Ferner ist an dem Joch ein Zugseil befestigt, ein dünneres Hanfseil, das in besonderen Ringen unterhalb des Tragseiles an diesem aufgehängt ist und mittelst dessen das vorerwähnte Joch hin- und hergezogen wird. In der Abbildung ist neben dieser Bahn ein zweites aus Hanf geflochtenes dickes Seil erkennbar, das eine an dieser Stelle lange Zeit in Gebrauch gewesene sehr einfache Brücke darstellt. Die eigentliche Laufbahn dieser Brücke besteht aus einem dünneren Seil, das ebenfalls an diesem dicken Seil angehängt und durch eine Anzahl von Verbindungen mit letzterem in einer bestimmten Entfernung von diesem gehalten ist, so dass man sich, seitwärts mit den Füßen auf dem dünnen Seil ausschreitend, an dem dicken festhalten musste, um diese Brücke zu passieren.

Eine andere sehr alte japanische Zeichnung *(s. S. 19)* enthält eine sehr bemerkenswerte Angabe über eine Luftseilbahn, die schon mit Doppeltragseil und offenbar hin- und hergehendem Zugseil ausgerüstet ist. Zwischen zwei Böcken sind die nach rückwärts verankerten Tragseile ausgespannt, auf deren jedem sich ein, wie sich aus dem Bild deutlich erkennen lässt, zum Personentransport dienender Laufwagen bewegt. Dieser nach Art einer Gondel geflochtene Wagen hängt in Dreiecksgehängen, die sich mit Hilfe von zwei Rollen auf das Tragseil auflegen. Eigentümlich ist die Art der Beförderung. An jedem die-

Abb. 3. Alte Seilbahn in Kaschmir.

Seilbahn in Japan

ALLGEMEINE POLYTECHNISCHE ZEITUNG • 23.3.1878

Seilbahnen sind bekanntlich in neuerer Zeit in ausgedehnterem Maße zur horizontalen Transmission benutzt worden, und zwar oftmals in sehr sinnreicher und rentabler Weise. Wir erinnern nur an die Seilbahnen des Freiherrn von Dücker, Bleichert & Otto u. A. Die Erfindung von Seilbahnen ist alt, und wenn vor einiger Zeit nachgewiesen wurde, dass Seilbahnen schon im 14. Jahrhundert in Deutschland benutzt wurden, so können wir in einem Beispiel aus Japan hier vorführen, dass die Seilbahnen auch dort seit Jahrhunderten angewendet werden.

Unsere Illustration zeigt einen Seiltrajekt sehr schwieriger Art, die Verbindung zweier Felsplatten, von denen die eine höher liegt als die andere und zwischen denen ein Felsspalt jäh in die Tiefe zum Meere abfällt. Die Abbildung zeigt hinreichend deutlich die eigentümliche Art der Beförderung der Fahrkörbe durch Zugleinen, während sie selbst je mit zwei Rollen auf den Seilen laufen. ❑

Abb. 4.

ser Körbe befinden sich zwei Zugseile, die mit ihren Enden nicht über Rollen oder irgendeine Antriebsvorrichtung gezogen sind, sondern die lediglich von den die das Hin- und Herbewegen besorgenden Arbeitern gezogen bzw. nachgelassen werden, eine in Anbetracht der starken Steigung offenbar sehr schwierige und gefährliche Arbeit. Es scheint jedoch, als sei die Zeichnung in dieser Hinsicht nicht ganz zuverlässig, da sich in ihr ferner noch erkennen lässt, dass an jedem Wagen sich nach der einen Seite hin das Zugseil spaltet bzw. als doppeltes Seil erscheint. Hiernach ist anzunehmen, dass das Zugseil auf eine flaschenzugförmige Einrichtung herauskommt, mit deren Hilfe es möglich ist, die außerordentlich große Steigung beim Aufwärtsbefördern des einen Korbes leichter zu überwinden und die kolossale Beschleunigung, die der abwärtsfahrende Korb von selbst bekommt, abzubremsen.

Die ältesten nachweisbaren literarischen Darstellungen einer Luftseilbahn findet sich in einer Handschrift von 1411 *(s. S. 21)* und lassen in den Konstruktionsgrundzügen eine Ausbildung erkennen, die, wenn auch nur sehr skizzenhaft gezeichnet, doch vielen später auftretenden gegenüber eine weit vorgeschrittene genannt werden muss, da unzweifelhaft auf eine Verbindung von endlosem Seil mit einem mechanischen Antrieb, mit einem Haspel hingewiesen wird. In dieser Kombination liegt aber schon ein für damalige Zeit großes erfinderisches Moment, das noch gegen das Jahr 1870 hin von der englischen Patentbehörde als genügend zur Patentierung angesehen wurde.

Nur wenig später, um das Jahr 1430 bis 1440 erscheint eine neue Notiz über eine Seilbahn oder vielmehr eine seilbahnähnliche Transporteinrichtung. In der Münchener Königlichen Bibliothek befindet sich eine Handschrift von der Zeit der Hussitenkriege, zwei Hefte, ein deutsches und ein

Geschichte der Seilbahnen

Von Ober-Ingenieur Franz Ržiha

ÖSTERREICHISCHER INGENIEUR- UND ARCHITEKTEN-VEREIN • 1877

Erst seit ein deutscher Bergmann, der Oberbergrat Albert zu Clausthal, der gewaltigen Welt der Technik 1834 an Stelle des klumpigen Hanftaues und der klapperigen Eisenkette das feste und schmiegsame ›Drahtseil‹ darreichte, und erst seitdem diese Erfindung einfachster Art 1835 am Harz und 1836 zu Příbram in Böhmen die Praktiker zufriedengestellt hatte, konnte jene gewaltige Umgestaltung in der ›Förderung‹ völlig durchgreifen, welche wir der Dampfmaschine verdanken. Das Drahtseil wurde fortan zum Spekulations-Objekt einer ganzen Reihe denkender Köpfe und gebührt den Kärntner Bergleuten das Verdienst, sich zuerst praktisch mit jenem Förder-System beschäftigt zu haben, welches wir heute das System der Drahtseilbahnen nennen.

Im Jahr 1861 traten außerhalb des Gebietes der Alpen Freiherr v. Dücker und 1867 der Engländer Hodgson mit ihren Spezial-Systemen erfolgreich auf, und in neuerer Zeit sind auch von Weisshuhn in Troppau, Picker in Bleiberg, Leuscher bei Eisleben und Bleichert & Otto in Leipzig u. A. hervorragende geistige und praktische Leistungen auf diesem Spezialgebiete der Förderung zu verzeichnen. An was wir uns aber bei der Betrachtung der Geschichte der Drahtseilbahnen besonders erinnern müssen, ist die Tatsache, dass etwa im Jahr 1870, als Hodgson auftrat, durch tüchtige Agenten allgemein der Glaube an eine gänzlich neue Erfindung verbreitet wurde, und zu jener Zeit in der Literatur nur vereinzelt und auf kein größeres Alter dieser wichtigen Erfindung zurückgegriffen wurde, als auf jenes der Bestrebungen Dückers, des eigentlichen Reformators der Förderung auf Drahtseilbahnen, der, wie bemerkt, schon 1861, und zwar zu Oeynhausen und zu Bochum aufgetreten war, und in dessen Fördersystem die geistige Wahlverwandtschaft mit der bergmännischen ›Seilförderung‹ (maschinelle Förderung) nicht erkannt werden konnte, eine Förderart, welche deutsche Bergleute (Herold) schon 1852 im England studiert hatten.

Gelegentlich der Verfolgung einiger Studien über die Geschichte der Sprengarbeit habe ich nun kürzlich zwei Quellen aufgefunden, welche das Alter des Systems der Förderung auf Seilbahnen weit mehr zurückführen, als solches gemeinhin bis jetzt angenommen wurde, nämlich bis in den Anfang des 15. Jahrhunderts, was das Prinzip dieser Förderart, und bis zum Ende des 17. oder Anfang des 18. Jahrhunderts, was die Ausbildung jenes Details betrifft, welches die automatische Fortbewegung der Fördergefäße über die Stützrollen hinweg besorgt, und welches bis jetzt immer als die eigentliche Erfindung der Neuzeit bei Seilbahnen gepriesen wurde. Selbstverständlich kann es sich bei diesen zwei historischen Quellen nur um Hanf- und nicht um Drahtseile handeln.

Die erste Quelle befindet sich in der Hofbibliothek zu Wien und ist ein sogenanntes Feuerwerksbuch, also eines jener kostbaren Handschriften, in denen die Artilleristen des Mittelalters, die Zeugmeister, neben ihren Kenntnissen in der Kunst der ›Äkeley‹ und in der Bereitung des Pulvers auch ihre anderen technischen Kenntnisse niedergelegt haben, Handschriften, welche namentlich für die Geschichte des Ingenieurwesens von ganz besonderem Wert sind. Die Handschrift rührt von Johann Hartlieb und aus dem Jahr 1411, also ganz aus dem Anfang des 15. Jahrhunderts her, und ist eine der ältesten der bekannten derartigen Handschriften überhaupt. Hier findet sich nun eine regelrechte ›Seilbahn‹ abgebildet *(Abb. 1)*. Zur linken Hand der Zeichnung ist eine Burg dargestellt, die auf einem Felsen steht; in der Mitte des Bildes ist ein tiefes Tal, der Burggraben skizziert, und zur Rechten steht ein Mann vor einem Haspel, um dessen Wellrad ein Seil ohne Ende geschlungen ist, das sich in einem Zugang zur Burg (wo die Spannwelle steht) verliert; auf dem Seil hängen nun die Transportgefäße (Körbe), welche durch den bezeichneten Mechanismus über die Schlucht bewegt werden.

Während nun durch diese Quelle das hohe Alter des Prinzips der Seilbahnen historisch festgestellt erscheint, bietet die zweite Quelle den Beweis einer schon sehr alten, bedeutsamen Ausbildung des Details. Diese zweite Quelle ist das *›Theatrum machinarum hydrotechnicarum‹* von Jacob Leupold, Leipzig, erste Auflage 1714, neu aufgelegt 1774. Dieser Schriftsteller wurde am 25. Juli 1674 zu Planitz bei Zwickau in Sachsen geboren, lernte anfänglich das Drechslerhandwerk und studierte später zu Jena und Wittenberg Mathematik, ging als Lehrer nach Leipzig, wurde zum Mitglied der Florenzer Akademie *›del' Onore letterario‹* und später 1725 zum preußischen Bergrat wegen seiner hervorragenden Kenntnisse und praktischen Leistungen auf dem Gebiet des Bergmaschinenwesens ernannt. Leupold, welcher 1727 starb, ist für die Geschichte der Ingenieur-Wissenschaften ein Autor, dessen Wert in der Gegenwart ganz besonders zu schätzen ist, denn er gibt uns durch seine in sieben Bänden gesammelten Abhandlungen und Zeichnungen aus dem Gebieten Mathematik, Geometrie, Statik, Mechanik, Hydraulik und des Brückenbaues, bei dem er sich allerdings meist auf Schramm stützt, ganz genaue Kenntnis von dem Zustand schon hoher Entwicklung der Ingenieur-Wissenschaften lange vor der Zeit der Dampfmaschine. Für histo-

rische Forschungen im Rahmen unseres Faches ist Leupold
eine der edelsten Fundgruben; sie enthält unter anderem
auch schon das Abbohren eines weiten Brunnenschachtes
(zu Amsterdam), welches Verfahren bis jetzt irrtümlich als
zuerst 1844 durch Combes angeregt und durch Kind und
Choudron ausgeführt betrachtet wurde. In diesem obge-
nannten Werk nun befindet sich im 17. Kapitel eine von
Adam Wybe erbaute ›Seilbahn‹ abgehandelt *(s. S. 36)*.

Bezüglich des Alters der Erfindungen des Holländers
Wybe und des deutschen Leupold ist hier nur zu sagen, dass
es vor 1727, dem Todesjahre des Letzteren, liegen muss. Die
nähere Altersbestimmung und die Auffindung einer Origi-
nalzeichnung der Danziger Maschine, deren Deponierung
im germanischen Museum sehr erwünscht sein würde, erscheint für die Geschichte der Ingenieur-Wissenschaften so
wichtig, dass ich die Kollegen in Danzig und Leipzig zu weiteren Recherchierungen hiermit anregen möchte. ❐

italienisches, die zusammen in einem Band vereinigt sind, und dessen zweites wenigstens ziemlich sicher von Marianus Jacobus (genannt Taccola) von Siena stammt. Diese Hefte enthalten eine große Anzahl von technischen Einrichtungen, die sich im wesentlichen auf die in den damaligen Hussitenkriegen angewandten artilleristischen Einrichtungen beziehen, wenn auch eine Menge Einrichtungen mit beschrieben sind, die mechanische Hilfsmittel allgemeiner Natur darstellen. Ein Hinweis an anderer Stelle des Buches lässt vernehmen, dass die folgende beschriebene Bahn etwa 1438 von dem Verfasser gesehen worden ist.

Diese Handschrift zeigt, wie man eine Bombarde oder eine andere Last durch Zugtiere über einen Fluss oder eine Schlucht schaffen kann, welche die Zugtiere nicht überschreiten können. Zwischen einem Baum auf dem linken und einem eingeschlagenen Pflock auf dem rechten Flussufer ist ein Seil gespannt, an das die Bombarde vermittelst eines Ringes gehängt ist. An den Baum ist eine Flasche mit einer Rolle gebunden, über welche ein Zugseil geht,

Abb. 5. Seilbahnähnliche Lastenbrücke, festes Tragseil und bewegtes, nicht endloses, Zugseil, etwa 1438.

dessen eine Ende an dem Ring, der die Bombarde trägt, befestigt ist, während an dem anderen Ende, welches ebenfalls über den Fluss hinübergeführt ist, die Zugtiere angespannt sind. Gehen diese landeinwärts, so ziehen sie die Bombarde über den Fluss, indem der Ring, an welchem sie hängt, über das gespannte Seil hingleitet *(Abb. 5)*.

Hier findet sich zum ersten Mal auch schon die Spaltung der Seilbahnen in zwei voneinander verschiedene Systeme nachgewiesen, denn während die alte Wiener Handschrift eine Einseilbahn darstellt, bei der das Zugseil immer endlos sein muss, selbst wenn der Betrieb ein hin- und hergehender würde, zeigt diese Veröffentlichung des Mariannus Jacobus die Darstellung einer Seilbahn mit von dem Tragseil getrenntem Zugseil. Die Konstruktion mag sich notwendigerweise aus der Größe des zu befördernden Transportgewichtes ergeben haben, da sich ein bewegtes Seil nur bis zu einem bestimmten Grad senkrecht zu seiner Spannungsrichtung belasten lässt, über den hinauszugehen der Durchhang und damit die Möglichkeit der Bewegung verbietet. Hier, wo es sich um den Transport eines schweren Geschützrohres handelte, verbot sich die Aufhängung an einem endlosen Seil von selbst, wenn nicht die zugehörigen Hilfskonstruktionen, Umführungsrollen usw., eine entsprechende, für damalige Zeiten bedeutende Größe, das Seil aber eine enorme Spannung hätten erhalten sollen. Einfacher war es deshalb schon, die beiden Arbeiten des Tragens und des Bewegens zu trennen, jeder ein besonderes Element zuzuweisen und damit eine Zweiseilbahn zu schaffen.

Aus der Zeit der spanischen Conquista, etwa gegen das Jahr 1563 stammt eine Ende des 19. Jahrhunderts noch vorhanden gewesene, handbetriebene Seilbahn hoch oben in den südamerikanischen Kordilleren im inneren von Kolumbien. Die Bahn dürfte vielen von den Reisenden bekannt sein, die, aus den Llanos von Venezuela und Kolumbien kommend und den Wasserlauf des Rio Meta benutzend, von Osten her Bogotá, die Hauptstadt des Landes, zu erreichen suchen. Die Landstraße zieht auf einem weiten Umweg um die Schlucht herum, so dass die die Lasten tragenden Maultiere oder Esel dieser Straße folgen, während die Reisenden zur Abkürzung des Weges gewöhnlich vor der Schlucht absteigen und den weit kürzeren luftigen Weg über die Seilbahn wählen.

Die Eroberung dieser Lande vollendete 1536 unter Karl V. Gonzola Jimenez de Quesada, der sie nach seiner Heimat Neu-Granada benannte. Gleichzeitig drang auch ein Beamter des Augsburgischen Bankhauses Welser, Nicolaus Federmann, bis Bogotá vor, zur näheren Erforschung der von Karl V. dem Bankhaus verpfändeten neu entdeckten Landesteile.

Da diese bis dahin vollständig unbekannten Länder große natürliche Reichtümer aufwiesen – man glaubte in ihnen sogar lange Zeit das sagenhafte Dorado gefunden zu haben –, war es die erste Sorge ihrer neuen europäischen Besitzer, sie mit Verkehrswegen zu besorgen. Namentlich die als erste Missionare und gleichzeitig auch als wirtschaftliche Kolonisatoren in das Land gekommenen spanischen Ordensgeistlichen, Dominikaner und Franziskaner ließen sich die Ausbildung des Verkehrs sehr angelegen sein, und auf sie dürfte auch die erwähnte Seilbahn zurückzuführen sein. Die Bahn bestand aus einem sehr starken Tau *(Abb. 6)* das zwischen zwei Pfahlgerüsten, ursprünglich vielleicht nur zwischen

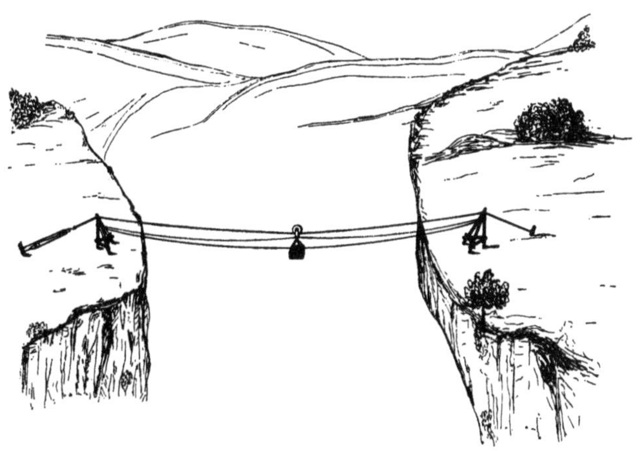

Abb. 6. Seilbahn für Personenbeförderung, vermutlich um 1536 – 40 zwischen Santana und Merida angelegt.

zwei Bäumen, ausgespannt war und auf dem ein Korb zur Aufnahme der die Schlucht passierenden Personen in einer Rolle hängt. Mit Hilfe eines zweiten Seiles, das unterhalb des Tragseiles ausgespannt ist, ermöglicht es die in dem Korb stehende Person, sich selbst voranzuziehen.

Seit nun bald 350 Jahren geht der Verkehr in dieser primitiven Weise über diese Seilbahn vonstatten, die somit eines der ältesten Zeichen europäischer Kultur in Südamerika bildet.

Im Jahr 1597 erschien ein Werk von Buonaiuto Lorini, einem etwa 1545 geborenen Edelmanne aus Florenz, der sich aus diesem Werk ›Delle Fortificationi‹ als durchaus praktischer Ingenieur erweist. Aus der Einleitung zu diesem Werk erfahren wir, dass er vornehmlich bei den Befestigungswerken von Zara und dem Castell von Brescia tätig war und zwar im Dienste der Signoria von Venedig, für die er diese Arbeiten etwa 16 Jahre lang leitete. Die von ihm beschriebenen, teilweise artilleristischen oder wasserbautechnischen, zum großen Teile aber auch maschinentechnischen Arbeiten sind von außerordentlich großem Interesse, zeigen sie doch, wie z. B. in den Hinterladegeschützen, Konstruktionen, die heute noch in ihren Grundzügen unverändert angewandt werden. Ebenso kann er als der wirkliche erste Konstrukteur eines Selbstgreifers angesehen werden.

Er beschreibt nämlich eine Baggermaschine zum Ausbaggern der Kanäle von Venedig, die einen sehr scharfsinnig konstruierten Greifer mit Seilbetrieb enthält. Unter diesen Arbeiten sind diejenigen von großem Interesse, die sich mit den Transporteinrichtungen befassen. So erwähnt er in Kapitel VII seines Werkes eine transportable Eimerkunst zum Ausschöpfen von Baugruben, die nichts anderes darstellt, wie unsere heutigen Becherelevatoren in schon ziemlich weit fortgeschrittener Ausbildung. Diese Elevatoren befinden sich wiederholt in Kapitel VIII seines Werkes, in dem er zeigt, wie man vermittelst einer Kette ohne Ende, welche über eine horizontale Welle gehängt ist und durch diese bewegt wird, auch Erde rasch und bequem fördern kann, indem man sie in Körben an den aufsteigenden Teil der Kette hängt und die Körbe oben durch andere Arbeiter abnehmen und dann an den abwärtsgehenden Teil der Kette hängenlässt. Kapitel X zeigt und beschreibt dann den in *Abb. 7* abgebildeten Apparat zum Transportieren von Erde bei der Umwallung von Festungen.

Die gefüllten Erdkarren werden auf einer stark ansteigenden Holzbahn vermittelst eines Haspels mit Spillen- und Tretrad auf den Wall gezogen, dort abgenommen und entleert und alsdann auf der geneigten Holzbahn wieder hinabgelassen. Die Zuführungsbahn unten im Graben hat Fall nach der Rampe, die Abführungsbahn oben auf dem Wall nach der Entleerungsstelle hin, so dass die gefüllten Karren auf beiden bergab laufen. Dieser Apparat bietet besonders dadurch Interesse, dass die Balken der ansteigenden Bahn mit einer Spur versehen sind, durch welche die Karrenräder geführt werden, eine erste Andeutung eines Bahngleises.

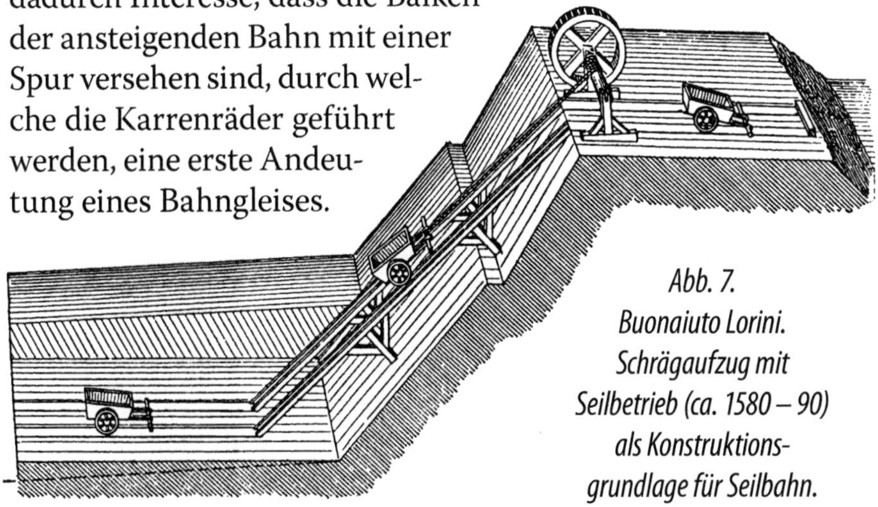

Abb. 7.
Buonaiuto Lorini.
Schrägaufzug mit
Seilbetrieb (ca. 1580 – 90)
als Konstruktions-
grundlage für Seilbahn.

Am Schluss dieses Kapitels sagt Lorini: *»Man kann mit Erde beladene Karren auch noch in anderer Weise fortbewegen, wenn es sich darum handelt, die Erde aus dem Graben zu schaffen, oder sie aus der Contrescarpe zu nehmen und über den Graben zu schaffen, nämlich auf zwei an starken Stützpfählen befestigten und durch Handgöbel und Flaschen-*

züge gespannten Seilen, oder sonst etwas, das zur Unterstützung geeignet und leicht transportabel ist. Alsdann müssen jedoch die Räder der genannten Karren etwas breiter sein, als gewöhnlich von weichem Holz und ausgehöhlt, wie die Rollen eines Flaschenzuges. Diese Rinne muss durch starke Bretter hergestellt werden, die man auf jeder Seite anpasst, und die Kanten müssen innen so abgeschrägt werden, dass der Kanal nach außen viel weiter ist, als auf dem Grund, d. h. als die Breite des Rades. Und um mit diesem Apparat zu arbeiten, muss man wissen, dass der Karren immer auf den beiden Seilen stehend be- und entladen werden muss. Obgleich hieraus hervorgeht, dass das Herbeibringen der Erde, um die Karren zu füllen, und das Verbringen dersel-

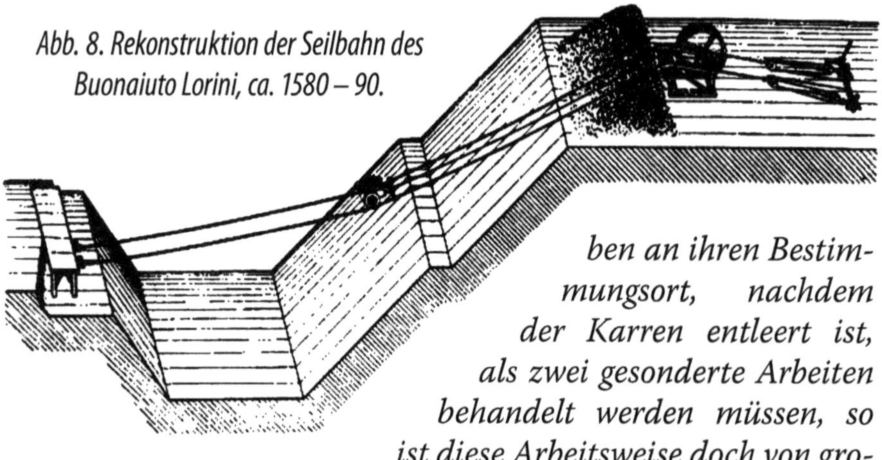

Abb. 8. Rekonstruktion der Seilbahn des Buonaiuto Lorini, ca. 1580 – 90.

ben an ihren Bestimmungsort, nachdem der Karren entleert ist, als zwei gesonderte Arbeiten behandelt werden müssen, so ist diese Arbeitsweise doch von großem Vorteil, weil man bei der Herrichtung des Apparates nichts zu tun hat, als die Seile zu spannen, und die Verteidigungswerke der Festung dabei nicht verletzt werden. Wenn die Karren oben umgestürzt werden, müssen sie etwas über dem Wall stehen und umkippen, ohne rückwärtsfahren zu können, bevor sie entleert sind; unten aber müssen sie so tief stehen, dass sie mit Schubkarren oder anderen Instrumenten bequem gefüllt werden können, und zwar geschieht dies *vermittelst eines Steges. Das Ganze muss, wie gesagt, transportabel sein und leicht von einem Ort zum anderen bewegt werden können.«*

Beck glaubt in seinen Beiträgen zur Geschichte des Maschinenbaues annehmen zu müssen, dass dies die älteste Nachricht von einer Seilbahn sei. Aus den früher angeführten Daten lässt sich entnehmen, dass Beck hierin irrt. Interessant ist bei Lorini jedoch die Entwicklung dieser Schwebebahn, und zwar einer solchen, die schon ziemlich hohe Ansprüche an die Technik stellt, indem auf leichtes Verlegen derselben Rücksicht genommen werden muss.

Um ungefähr einen Begriff von der Konstruktion dieser originellen Einrichtung zu geben, ist in *Abb. 8* der Versuch einer Rekonstruktion nach dem Texte gemacht worden. Es handelt sich demnach hierbei um eine Art von schrägem Seilaufzug, wie sie bis heute noch häufig ausgeführt werden, und die spätere Konstrukteure, z. B. Dücker, noch häufig irrtümlicherweise Seilbahnen genannt haben. Nur besteht diesen gegenüber der Unterschied, dass man hier nicht auf das so außerordentlich einfache Hilfsmittel der Aufhängung der Last unter dem Seil gekommen war, sondern die Wagen über bzw. zwischen die Seile hängte, was natürlich ganz bedeutende Schwierigkeiten verursachen musste. Man kann annehmen, dass sich die Konstruktion der Details, namentlich der Wagen und des Haspels eng anschloss an die Konstruktion der vorbeschriebenen schiefen Ebene mit festen Schienen *(Abb. 7)*, also auch hier wieder trotz der scharfsinnigen Lösung einer ziemlich schwierigen technischen Aufgabe nicht ein Ableiten aus älteren Konstruktionen charakteristischer Art, in diesem Fall schwebender Bahneinrichtungen mit untenhängender Last, sondern eine Lösung für einen Einzelfall mit Umbildung einer bodenständigen Gleisbahn zu einer solchen mit hängendem Gleis. Allerdings kann auch hier wieder nur von einer Zweiseilbahn gesprochen werden, insofern, als das tragende Element und das bewegende Element voneinander getrennt sind.

Um dieselbe Zeit, wie das Lorinische Werk, erschienen die ersten Veröffentlichungen des Faustus Verantius, eines Neffen des Antonius Verantius, von dem Michaud in seiner Biografie Universelle sagt: *»Er war Erzbischof von Gran, Primat und Vizekönig von Ungarn, berühmt durch die diplomatischen Missionen, die er an den ersten Höfen Europas ausführte, stammte aus vornehmer Familie, war geboren am 20. Mai 1504 zu Sebenico und starb am 15. Juni 1573.«* Der Neffe dieses Antonius Verantius, Faustus, war selbst Geistlicher, Bischof in partibus des heutigen ungarischen Komitat Csanád. Unter seinen Werken, deren erstes 1595 in Venedig erschien, findet sich ein in fünf Sprachen abgefasstes, offenbar 1617 gedrucktes Werk, betitelt ›Machinae Novae etc.‹ mit zahlreichen Figurentafeln, in dem nicht nur Maschinen, sondern auch Brücken, Kirchen und andere merkwürdige Konstruktionen, die er auf seinen Reisen zu beobachten Gelegenheit hatte, aufgeführt sind. In diesem Werk befindet sich eine Seilbahn *(Abb. 9)* von äußerst interessanter Konstruktion, von der der Verfasser sagt:

»An ein dickes Seil soll ein Trog oder Korb mit umlaufenden Rollen gehängt, und daneben ein dünnes Seil gespannt werden, welches, wenn es angezogen wird, diejenigen, welche sich in dem Korb befindet, ohne alle Gefahr hinüberbringen wird.«

Zunächst ist zu bemerken, dass es sich hier um eine schon ziemlich weit fortgeschrittene Zweiseilbahn mit endlosem Zugseil, allerdings für hin- und hergehenden Betrieb handelt. Betrachtet man die Einzelheiten näher, so fallen einige technisch sehr glücklich entwickelte Konstruktionen an denselben auf. Vor allen Dingen greift das Zugseil nicht, wie bei den früher beschriebenen indischen und japanischen Seilbahnen, an der pendelnd aufgehängten Wagenlast an, sondern an den Rollen bzw. dem Laufwerk, wobei zu beachten ist, dass hier schon zwei Aufhängerollen für den Wagenkasten verwendet sind. Durch das Angreifen des Zugseiles an dem Laufwerk wird aber das Schiefziehen der Wagenaufhängung bei Überwindung der notwendigerweise auftretenden Steigungen vermieden.

Ferner fällt die Art der Tragseilführung auf. Wenn auch die Enden des Tragseiles nicht sichtbar sind, so muss doch darauf aufmerksam gemacht werden, dass dieses auf den beiden Stützen oben und unten über Rollen geführt ist, was darauf schließen lässt, dass es, wenn auch nur geringe, Bewegungen auszuführen hat. Sollte hiermit eine Andeutung auf eine selbsttätige Anspannung des Seiles, die doch nicht gut anders, wie durch Gewichtsbelastung ausgeführt werden könnte, gegeben sein? Sollte diese Annahme jedoch verfehlt sein, so würde wohl die andere zutreffen, dass zum Ausgleich etwaiger Längendifferenzen oder zur Regulierung des Durchhanges an den Enden Winden oder Flaschenzüge zum Nachspannen angebracht worden sind.

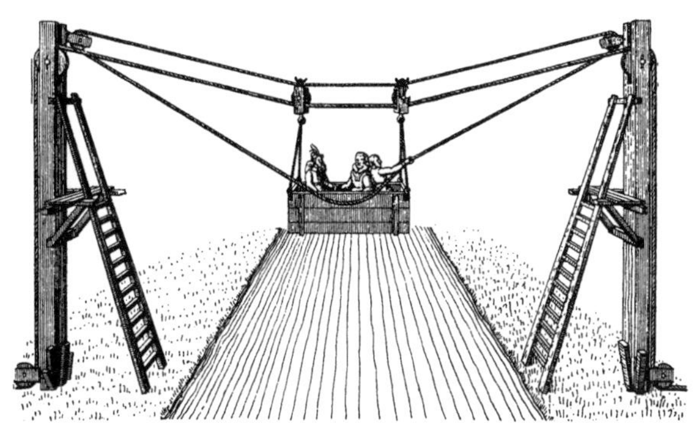

Abb. 9. Faustus Verantius. Zweiseilbahn mit festem Tragseil und endlosem Zugseil, etwa 1610.

Nach der geringen technisch-historischen Ausbeute der vorbeschriebenen Seilbahnen mutet es erfreulich an, aus einer – einige Jahrzehnte – späteren Zeit einmal eine vollständige Abbildung einer wirklich zu größeren Massentransporten dienenden Schwebeseilbahn zu sehen. Sie ist enthalten in einer Chronik der Stadt Danzig aus dem Jahr 1644. Diese Danziger Chronik enthält zwar außer dem Bild dieser Anlage keine ausführliche technische Erläuterung, wohl aber auf dem Bild selbst eine Legende mit Buchstaben-Verzeichnis in lateinischer und deutscher Sprache, aus der sich die Einzelheiten mit ziemlicher Deutlichkeit entnehmen lassen *(Abb. 10)*. Namentlich ist sehr gut zu erkennen, dass diese als Einseilbahn mit endlosem Zugseil und an dem Seil unlösbar befestigten untenhängenden Körben ausgeführte Anlage für das beladene Seiltrumm nicht weniger wie sieben Stützen vorsieht, während das Leerseiltrumm nur auf einer einzigen Mittelstütze aufruht. Als Erbauer dieser Seilbahn wird der holländische Architekt Adam Wybe, gebürtig aus Harlingen in Holland, genannt.

Nach der dichten Wagenfolge, die diese Bahn aufweist, muss sie eine ziemlich erhebliche Leistung besessen haben, doch scheint auch sie in ihrer Ausführung sehr vereinzelt geblieben zu sein, von einer Nachahmung oder Wiederholung derselben an anderer Stelle ist nichts bekannt. Es ergibt sich dies sehr einleuchtend aus dem bekannten technischen Geschichtswerk ›*Theatrum machinarum hydrotechnicarum*‹ von Jacob Leupold, das als wahre Fundgrube für die Technik des 17. Jahrhunderts angesehen werden muss und in dem diese ›Danziger Maschine‹ ausführlich beschrieben ist *(s. S. 36)*.

Leupold war übrigens einer von den wenigen, die den Versuch gemacht haben, in der Technik auf Grund älterer Gelegenheitsschöpfungen neuere Systemerfindungen zu schaffen. Es geht dies hervor aus einer weiteren Veröffentlichung in dem ›*Theatrum Machinarum Hydraulicarum*‹, die eine Seilbahn-ähnliche Einrichtung beschreibt, welche gleichzeitig als Schrägaufzug benutzt wird *(s. S. 41)*. Diese Veröffentlichung kann als eine der ersten Hinweise auf Kabelhochbahnen mit Hubeinrichtungen und speziell mit Einseillaufkatze angesehen werden, wenn man aus der allerdings primitiven Darstellung und namentlich aus der hier vorliegenden Anwendung einer solchen Einrichtung für häusliche Zwecke den technisch wertvollen Kern herausschält.

Es war im Jahr 1724, als Leupold diese Beschreibung anfertigte, und nun folgt eine lange, lange Zeit, in der auch nicht eine Spur weder literarischer Aufzeichnung, noch etwaiger Überreste, auf die Weiterbildung, selbst nur auf die nochmalige Anwendung des von jenem scharfsinnigen Ingenieur in seinem Wert erkannten Transportmittels ver-

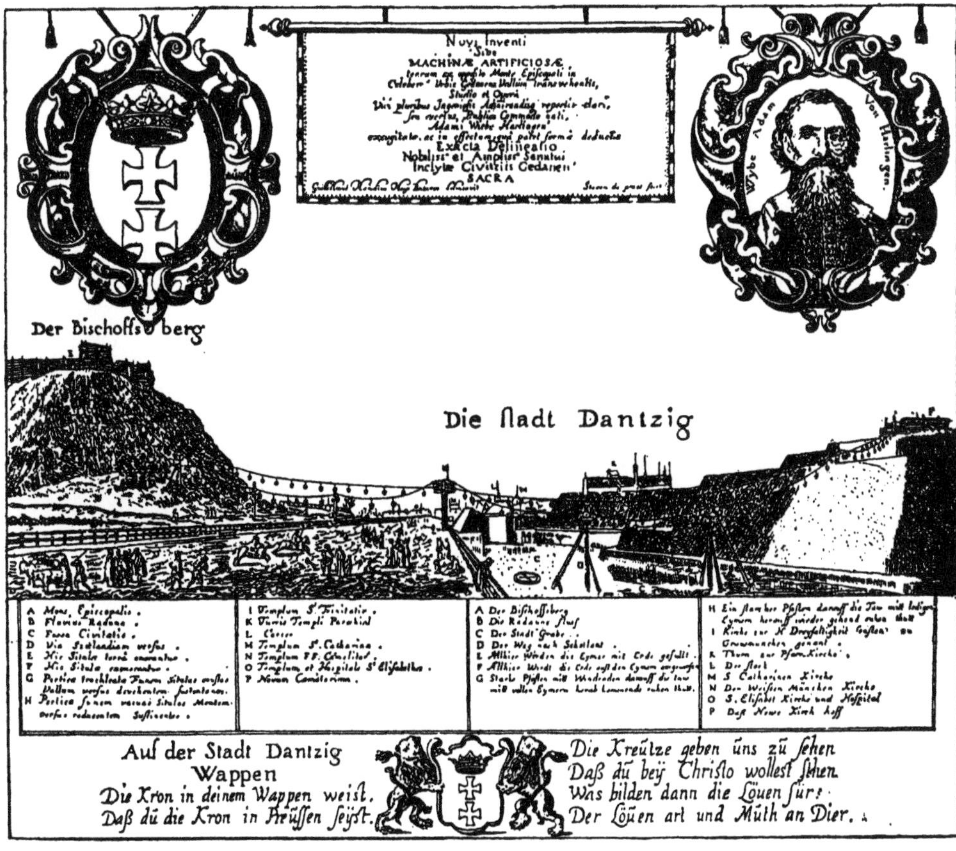

Die Danziger Maschine

Vermittelst welcher der sogenannte Bischofsberg um ein Großes abgetragen, und die Erde in freier Luft, erstlich den Berg hinab, ferner über einen Fluss, über ein Stück Anger und Land, denn über den breiten Stadtgraben, und endlich auf den Wall hinauf geschafft worden.

THEATRUM MACHINARUM HYDROTECHNICARUM • 1724

Es ist von dieser Maschine ein apartes großes Kupfer vorhanden *(Abb. 10)*, so aber sehr rar ist, auf welchem der Berg und die ganze Gegend nebst der Maschine perspektivisch entworfen, weil aber die Distanz sehr groß, ist alles sehr klein und unkenntlich worden, ob schon ansonsten der Riss sehr sauber und nett von dem berühmten Hondio gestochen. Ich habe solche Zeichnung nirgend finden können, wie sehr ich mich auch bemühet, bis endlich selbige bei Ratsobervogt Senkeisen allhier in Leipzig erhalten habe.

Die ganze Maschine habe nicht gezeichnet, weil solche allzu klein gefallen wäre, sondern nur etwas das ich dieser gleich halte, wie denn auch die Räder und alles womit das Werk getrieben worden, verdecket ist. Weil nun auf dem Kupfer ziemlich deutlich zu sehen, dass das Seil oder Kanal viel auf Walzen oder Kolben auflieget, und also unmöglich, dass die Eimer mit ihrem Seil darüber gehen können, so hat es mir viel Spekulierens gemacht, wie solches zuginge, bis ich etliche Maschinen und Modelle verfertiget, welche sehr wohl angehen. Ich habe aber hernach erfahren, dass die Eimer nicht von sich selbst, sondern durch dazu bestellte Personen, über die Rollen gehoben worden sind, und wenn ich dieses von Anfang gewusst hätte, würde mir keine Mühe

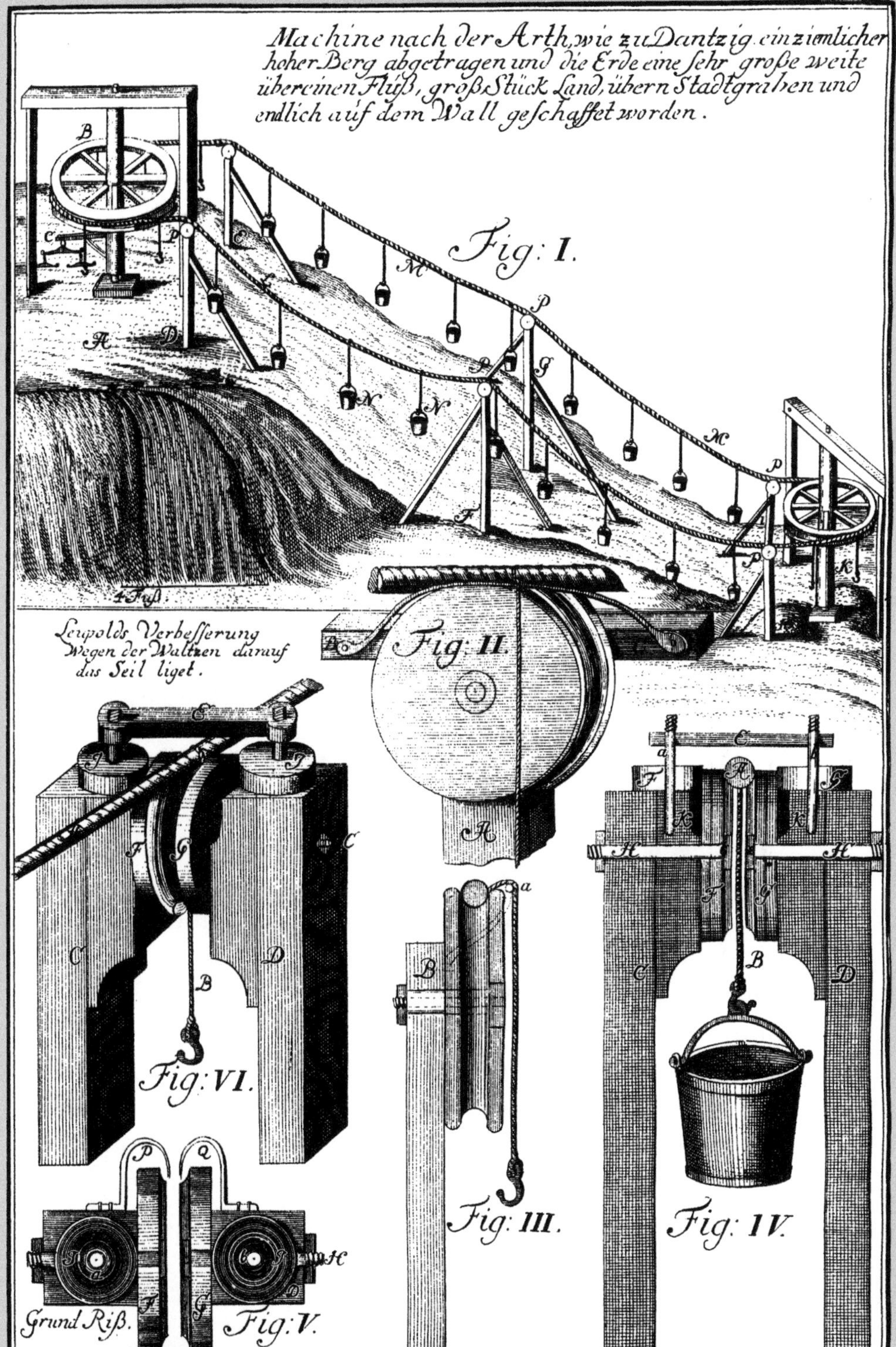

Machine nach der Arth, wie zu Dantzig ein ziemlicher
hoher Berg abgetragen und die Erde eine sehr große weite
über einen Fluß, groß Stück Land, übern Stadtgraben und
endlich auf dem Wall geschaffet worden.
Fig: I.
Leupolds Verbesserung
wegen der Waltzen darauf
das Seil liget.
Fig: II.
Fig: III.
Fig: IV.
Fig: VI.
Grund Riß.
Fig: V.

gegeben und es vor impraktikabel gehalten haben. Ich will erstlich die Maschine, hernach die Walzen oder Rollen nach meiner Invention beschreiben.

Abb. 11 Fig. I. A sei der Berg, auf welchen ein horizontales Rad *B*, so auf der Stirn tief eingeschnitten, dass ein starkes Ankertau darinnen liegen kann, dieses Rad muss in einem wohlgezimmerten Gerüste eingefasst sein (so hier nicht bemerket ist), am Rad ist ein Arm oder Deichsel *C*, daran zwei oder mehrere Pferde können gespannt werden. *DE, FG, HI* sind Säulen, auf welchen oben die Rollen sind, darauf das Tau ohne Ende läuft. *K* ist das andere Rad, da das Tau herumgeht, *L* das Tau, und zwar die Seite, da es mit den vollen Eimern heruntergeht, *M* aber die Seite, da die leeren hinauf gehen, *N* die kleinen Eimer mit ihren Schnüren oder kleinen Seilen, oben in *A* werden die vollen Kübel angehangen, und unten in *K* ausgeschüttet. *P* sind die Scheiben oder Rollen über welche ein Mann die Eimer hinüberleiten muss.

Dass aber die Eimer selbst hinübergehen, ist meine Invention diese *(Fig. II)*. Es wird oben an dem Balken oder Säule *A* ein Quer-Holz gemacht *BC*, an dieses ein langer eiserner glatter Stab an beiden Enden in *B* und *C* festgemacht, und macht solcher einen Bogen, dass er etwas höher und auch weiter absteht, als die Scheibe, wie das Ringlein *a* bei der *(Fig. III)* zeigt, über welches das Seil liegt, und den eisernen Stab in Profil vorstellt, also wenn das Seil an den Stab kommt, es auf dem Stab fortrutscht bis es über die Walze hinweg ist.

Weil aber das Seil sich dadurch abarbeiten würde, bin ich auf die andere Invention, dass die Eimer durch die Walze hindurchgehen, gefallen, *Fig. IV* stellet solche in Profil vor: *A* ist das große Tau daran die Eimer hängen, *B* das kleine Seil mit den Eimern, *CD* zwei Säulen, so unten in der Erde fest, oben aber mit einem Eisen *E* und zwei Bolzen *a b* zusammengehangen sind, *FG* sind zwei halbe Rollen oder Scheiben, davon jede ein Stück der Höhlung hat, darin das Tau *A* liegt, in der Mitte aber voneinander steht, weil nun das Tau *A* sehr stark, kann es es nicht, hingegen das Seil der Eimer *B* weil es dünne durchweg gehen. *M* sind zwei starke Bolzen, damit jede halbe Scheibe fest, und vorn mit einem Kopf *CC* versehen ist. Weil aber das Tau die Scheiben auseinander presset, und große Friktion verursachen würde, so ist hinter jede eine Horizontal-Scheibe *J* und *J* geleget, an welchen die großen *F* und *G* anliegen, und zugleich mit Ihnen umgedreht werden, deswegen auch das Holz bei *K* hinweg genommen ist.

Fig. V zeiget solches von oben herab eben mit diesen Buchstaben, nur dass zum Überfluss zwei Eisen *PQ* angemacht sind, welche das Seil, daran die Eimer hängen, allezeit, recht in die Mitte führen. *Fig. VI* zeigt eben dieses mit den Buchstaben perspektivisch.

Es ist dieses eine sehr nützliche Maschine, und kann, wo Verstand gebrauchet wird, bei vielen Gelegenheiten sehr große Dienste tun, absonderlich, da man nun auch die Leute ersparen kann, die sonst die Eimer überheben müssen. Der Inventor ist ein Holländer von Harlingen, Adam Wybe, gewesen.
• Jacob Leupold

weist. Die Dampfmaschine, die Gasbeleuchtung, sie wurden erfunden, die Stürme der Revolution, der Napoleonischen Kriege brausten über Europa hin, letztere Industrie und Technik, wie in England, selbst gegen den Willen des Mächtigen befruchtend, eine vollständige geistige Wiedergeburt des alten Europa erfolgt – aber unter den Tausenden und Tausenden von Ideen, die zu den großen Erfindungen der Neuzeit führten, fand sich keine, die auch nur einmal während annähernd 130 Jahren auf die Anwendung des für die moderne Technik so außerordentlich wichtigen Transportmittels der Seilbahnen hingewiesen hätte. Die Drahtseile in einer für allgemeine Zwecke verwendbaren Form wurden erfunden, selbst der Erfinder dieser, Albert, dem der Bergbau so viel zu verdanken hat, der so viele Anregungen zu Förderkonstruktionen gegeben hat, die geradezu als Grundlage der heutigen gelten müssen, kam nicht auf die Idee der Seilbahn. Die mittlerweile eingeführte Dampfeisenbahn stellte die höchsten Anforderungen an die schöpferische Kunst der Ingenieure – vielfach musste sie haltmachen vor tiefen Schluchten, vor schroff ansteigenden Gebirgen; ungeheure Viadukte mussten erbaut werden –, aber lange Zeit kam keiner der Ingenieure auf den Gedanken, ein Drahtseil über eine Schlucht zu spannen und auf diesem Seil Lasten schwebend zu bewegen.

Um das Jahr 1834 finden wir bei den Festungsbauten von Posen durch den damaligen Artilleriehauptmann von Prittwitz wieder den Versuch einer schwebenden Bahneinrichtung, einer Hängebahneinrichtung für Pferdebetrieb. Die Bahn bestand aus einer auf Stützen hochgelegten Schiene, die ihrerseits aus einer hochkant gestellten Bohle gebildet wurde, auf deren Oberfläche sich eine Eisenauflage hinzog. Die Wagen hingen an einem sattelartigen Bock als zwei symmetrische Kästen rechts und links neben den Gerüsten,

Eine besondere Maschine
das Wasser aus einem Brunnen und alsdann wieder in schräger Linie zu ziehen.

THEATRUM MACHINARUM HYDRAULICARUM • 1724

Es sei ein Brunnen ein ziemlich Stück von einem Haus, und man wollte doch im dritten Geschoss oben bei *F* den Eimer mit Wasser aus solchem Brunnen dahin ziehen, so wird erstlich ein Seil *A B* und *C* und *B* festgemacht, an welches ein Holz *DE* mit zwei Scheiben, wie die Figur weist, gemacht wird, durch die andere Öffnung geht ein Seil, an dem der Kübel ist, wenn solcher mit dem Holz *D* zu *A* kommt, so bleibt es alsda liegen, und der Eimer kommt perpendikular über die Mitte des Brunnen bis zum Wasser, wird bei *F* am Seil *FF* so über der Scheibe *G* geht, gezogen, geht das Holz mit Kübel hinan und solcher bei *GF* so nahe an die Wand, dass die Person im Fenster solchen mit der Hand erlangen kann.

Man könnte dies auch einrichten, wie das kleine Bild zeigt, nämlich, dass die Person unten bei dem Brunnen den Eimer hinauf ziehen könnte, und sich solcher oben durch einen Haken selbst erledigte. • *Jacob Leupold*

Abb. 12. Vermittelst eines Eimers aus einen abgelegenen Brunnen das Wasser in die Höhe eines Zimmers zu bringen.

liefen auf einem ziemlich großen, mit eisernem Kehlrand versehenen Rad, das in dem sattelförmigen Gerüst eingebaut war und wurden, zu kurzen Zügen vereinigt, mittelst einer Zugleine von Pferden, die seitlich von den Stützpfosten gingen, gezogen *(Abb. 13)*.

Um das seitliche Anschlagen der Wagenkästen an die Stützpfosten zu vermeiden, waren diese unter sich etwa in der Höhe des unteren Teils der Wagenkästen mit einer durchlaufenden eisenbeschlagenen Bohle verbunden, gegen welche sich Führungsrollen legten. Da die Bahn fast ausschließlich zum Ziegeltransport diente, sind auch die

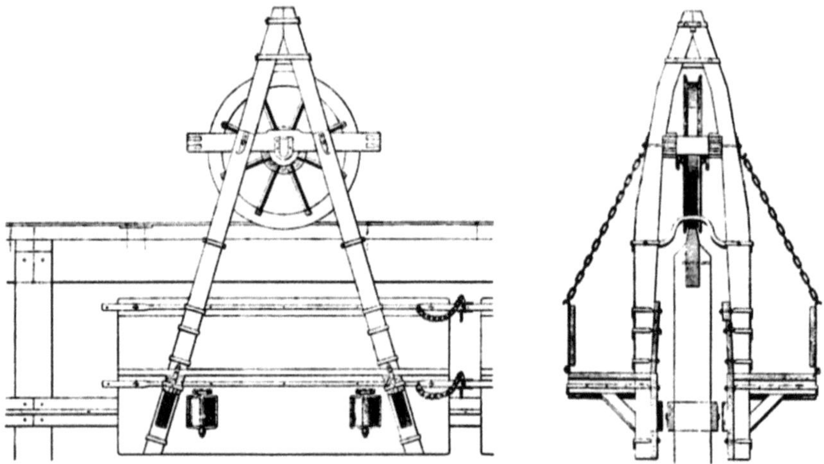

Abb. 13. Pferdebetriebene Hängebahn beim Festungsbau in Posen nach Angaben von Hauptmann v. Prittwitz, 1834.

Wagenkästen dementsprechend mit aufklappbaren Seitenwänden versehen gewesen. Die ganze Länge der Bahn betrug 1450 m, die Tragkraft eines Wagens stellte sich auf ca. 500 kg, die Kosten eines Wagens nach den Angaben von Prittwitz zu damaliger Zeit auf 45 Taler, während die Kosten der ganzen Bahn für die deutsche Meile, also 7500 m Länge, 25 000 Reichstaler betragen sollte. Diese Bahnanlage war in Betrieb bis zum Jahr 1856. Aus den Mitteilungen des Erbauers geht hervor, dass sich die gesamten Transportkosten auf dieser Bahn für den Zentner und die deutsche Meile zu 1,4 Pfennig preußisch gestellt haben sollten.

Die ganze Einrichtung kann kaum in den Rahmen der Drahtseilbahnen eingereiht werden, sie ist nur insofern bemerkenswert, als sie fast die einzige Einrichtung einer schwebenden Bahnanlage ist, die in der großen geschichtlichen Lücke vom Jahr 1724 bis 1860 sich vorfindet.

Es ist in der Tat schwer verständlich, dass, nachdem ein so in seinen Einzelheiten durchgearbeitetes Vorbild vorhanden war, nach der Konstruktion dieser Bahn niemand auf den Gedanken kam, die Schiene, die hier aus Holz bestand, aus einem straff gespannten Drahtseil herzustellen. Auch diese Bahn blieb somit, da sie weder Nachahmer noch Verbesserer fand, eine Einzellösung ohne allgemeine Anwendbarkeit. Erst einer viel späteren Zeit war es vorbehalten, diese Art der sattelförmig angeordneten Eisenbahn zu weiterer Ausbildung, wenn auch heute noch nicht zu allgemeiner Anwendung, zu bringen, die Lösung der technischen Aufgabe, die zur Drahtseilbahn in allgemein-anwendbarer Form zu führen berufen war, sollte noch über ein weiteres Menschenalter auf sich warten lassen.

Der Waldtelegraf oder die Drahtriese

Erfunden von dem Forstmann Adolph Hohenstein

Der praktische Maschinen-Konstrukteur • Juni 1869

Die Erfindung der Eisenbahnen hat Länder und Städte näher aneinander gerückt und einen großen Umschwung im Verkehr hervorgerufen, warum sollte nicht auch diese eiserne Waldstraße von den Waldbesitzern, Forstleuten und Holzhändlern dazu benützt werden können, um die noch übrig gebliebenen Wälder zu schonen, und die höher liegenden, bisher aus Mangel von Transportmitteln unbenutzten Wälder forstmäßig zu benützen und zu verwerten.

Ich habe in einem Werk Der Wald samt dessen wichtigem Einfluss auf das Klima der Länder, das Wohl der Staaten und Völker, sowie auf die Gesundheit der Menschen, Nutzen einer forstwissenschaftlichen Einrichtung etc. (Erschienen 1860 in Wien) die nachteiligen Folgen der Waldausrottungen in der Schweiz nachgewiesen und ich rate allen Schweizern, ihren Wäldern die größte Aufmerksamkeit zu schenken, sie als einen der wichtigsten Bestandteile des Nationalvermögens zu betrachten, der durch seine vielseitigen Einflüsse, das Wohl der Schweiz, und zwar als Regulator des Klimas, die Ernte des Feldes mehr oder weniger begünstigt, auf den Körper und die Gesundheit der Menschen so wesentlich einwirkt.

Als Bezirksförster in Tirol hatte ich Gelegenheit mich von den großen, wichtigen Folgen der dortigen Wälderverwüstung zu überzeugen. In Tirol, wo früher die schönsten Wälder auf den Gebirgen prangten, und dadurch die Fruchtbarkeit der Felder entstand, ist diese Fruchtbarkeit mit dem grünen Gürtel der Berge verschwunden, die Vegetationsgrenze von den Gebirgen, wie ich durch die Stöcke bewiesen habe, um eine halbe Stunde herabgedrängt worden. Die Wildbäche und Lawinen verwüsten im Frühjahr die Täler und Weingärten, Felder und Wiesen, und reißen mit sich den noch fruchtbaren Boden der Gebirge, dadurch vermindert sich die Weide, somit auch der Viehstand, Dünger, die jährliche Ernte der Weingärten, Felder und Wiesen; und so können

Abb. 14. Drahtriese in Fai.

die armen Tiroler selbst bei der fleißigsten und mühevollsten Arbeit auf ihren ohnehin mageren Gründen kaum so viel erzeugen, als nur der Bedarf bis zur nächsten Ernte bei günstigen Jahren erfordert, ja manche Familienväter sind gezwungen ihre Familie, Haus und Hof den Sommer über zu verlassen, um in dem angrenzenden Italien durch Arbeit so viel zu verdienen, damit sie zu Hause ihre Steuern und Abgaben bezahlen, und für ihre Familie das nötige Getreide kaufen können.

Die erste Idee zu diesem Waldtelegrafen wurde 1857 von einem gewissen Johann Bradi aus Südtirol entwickelt. Derselbe kaufte im Tal Sella Magg an einer Felsenwand 840 m über der Meeresfläche Buchenwälder, allein die sehr kostspielige Abfuhr dieser Hölzer, wodurch sein ganzer Gewinn verloren gehen sollte, entwickelte in ihm den Gedanken längs der steilen Felsenwand einen Eisendraht zu spannen und das Holz darauf herabzulassen. Allein derselbe hatte anfangs mit vielen Schwierigkeiten zu kämpfen; er wusste nicht den Draht oben und unten und das Holz am Draht zweckmäßig zu befestigen.

Dieser Gedanke schien mir als ein Fingerzeig durch Verbesserung dieser Idee meinen Mitmenschen und dem Wald nützlich zu werden, und so habe ich die beiden ersten Waldtelegrafen in den Gemeinden von Fai und Mezzotedesco aufgestellt.

Im Jahr 1859 wurde unter meiner Leitung in der Gemeinde Fai, Bezirk Mezzolombardo von dem Berg Faucior in das Tal beim Ort Fai die erste Drahtriese von mir gespannt, und dort erhielt sie den Namen Waldtelegraf. Da ich damals von Drahtseilen nichts wusste, so musste ich mich mit dem Eisendraht begnügen.

Dieser erste von mir angelegte Waldtelegraf von 2400 m Länge war von Eisendraht 7 mm dick. Auf diesem Waldtelegrafen wurden von drei Arbeitern in 66 Tagen 40 000 Faschinen von 90 cm Länge und 13 cm Dicke abgeriest. Der Transport auf dem Landweg hätte nach meiner Berechnung 560 Gulden gekostet, während er auf meinem Waldtelegrafen bloß 278 Gulden kostete, und dadurch 50 % gewonnen wurden und somit drei Arbeiter dasselbe Resultat lieferten, welches früher 16 Paar Ochsen mit 16 Knechten zu leisten im Stande waren.

Bevor ich auf die Zeichnung des Waldtelegrafen übergehe, erlaube ich mir zuerst allen Waldbesitzern, Forstleuten und Holzhändlern die wesentlichen Vorteile desselben bei seiner richtigen Anwendung anzuführen.

1. Kann jeder Waldbesitzer durch Anwendung des Waldtelegrafen sein Holz von den Gebirgen, wo bisher keine fahrbaren Wege bestanden noch angelegt werden konnten, auf eine sehr einfache, wohlfeile und schnelle Art herabriesen.
2. Erreicht der Waldbesitzer den hohen Gewinn durch die Anwendung des Waldtelegrafen, das in den hohen Gebirgsgegenden bisher nutzlos im Wald liegengebliebene Ast- und Überholz vorteilhaft zu verwerten, während dasselbe bisher in sehr vielen Gebirgswäldern aus Mangel minder kostspieliger Transportmittel ohne Nutzen für den Waldbesitzer und die Menschheit verfaulte, und zum Schaden des Waldbesitzers den Aufwuchs des jungen Holzes so lange verhinderte, und der jährliche Zuwachs auf der abgeholzten Fläche für denselben so lange verloren ging, bis das Überholz gänzlich verfault und in Humus übergegangen war.
3. Gewinnt der Waldbesitzer bei Anwendung des Waldtelegrafen, dieses ganz einfachen Holz-Transportmittels, wie meine Berechnungen bewiesen, bedeutend an Kosten und Zeitaufwand, und manche Holzhändler hätten nicht ihr Vermögen verloren, dadurch dass sie bedeutende Wälder angekauft und dann aus Mangel an Transportmitteln das

Holz stehenlassen mussten, weil der Transport höher zu stehen gekommen wäre als die Verwertung des Holzes im Tal oder am Fluss möglich war.

4. Bei Anwendung der Waldtelegrafen geht vom Holz durchaus nichts verloren und dasselbe kommt am Fuß ganz unbeschädigt an; dagegen beim Transport auf angelegten Holzriesen gehen wenigstens 5 – 10 % verloren.

5. Ist die Aufstellung dieses Waldtelegrafen zum Transport der Faschinen und Scheithölzer so einfach, dass solchen nach meiner Zeichnung und Beschreibung jeder Forstmann selbst aufstellen kann.

6. Kann der Waldtelegraf mit wenigen Kosten, sobald eine Waldfläche abgeholzt ist, auf eine andere übertragen werden, was mit künstlich angelegten Holzriesen fast unmöglich ist.

7. Kann der Waldbesitzer an jedem Orte, wo bisher künstlich angelegte Holzriesen angewandt wurden, mit dem 10. Teil des Kostenbetrages den Waldtelegrafen anwenden.

8. Kann der Waldtelegraf auch bei Regenwetter benutzt werden, sobald über den Bock oben und über die Walze unten ein einfaches Strohdach erbaut wird.

9. Ist bei dem Transport der Hölzer durch den Waldtelegrafen die Aufsicht und Kontrolle für das Forst- und Aufsichtspersonal bedeutend leichter als bei allen bisher angewandten Landtransporten.

10. Sind die Drahtseile des Waldtelegrafen 8 – 10 Jahre zu benutzen.

11. Sind für alle Waldbesitzer, Forstleute und Holzhändler die Kosten des Waldtelegrafen samt dessen Aufstellung bedeutend geringer als bei jedem anderen Landtransport.

12. Kann dieser Waldtelegraf nicht nur zum Transport von Brenn-, Bau- und Faschinenhölzern verwendet werden, sondern auch zum Transport aller übrigen Produkte vom

Gebirge ins Tal, als Kohlen, Teer, Pech, Gras, Heu, Stroh und Eis; ja bei Meran in Tirol benutzte ein Wirt diesen Waldtelegrafen, um von seiner Alp täglich Milch und Käse bis zu seinem Wohnhaus abzuriesen.

Der Waldtelegraf wird bei seiner Anwendung von zwei Punkten bestimmt.

1. Der Punkt oben auf dem Gebirge, von wo das Holz in das Tal abgeriest werden soll.
2. Der Punkt unten, wo das abgerieste Holz aufgefangen werden soll.

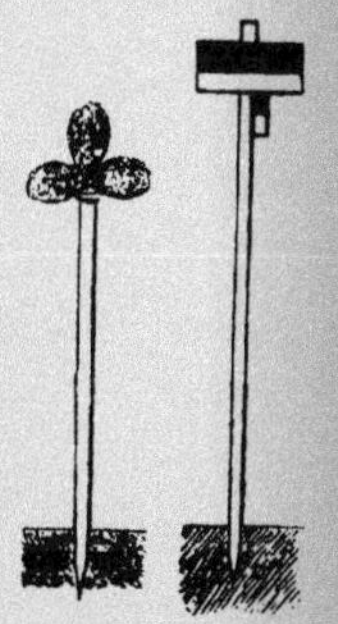

Abb. 15.

Bei dem Punkt oben wählt man womöglich einen freien, ebenen Platz an dem Rand einer Felsenwand oder steilen Böschung, wo einzelne Bäume und Stöcke zum Befestigen des Drahtseiles vorhanden sind und man markiert den Punkt mit einem Strohwisch *(Abb. 15 li.)* oder bei größeren Distanzen mit einem Triangulierungszeichen *(Abb. 15 re.)* dessen Bretter halb weiß und halb schwarz angestrichen werden, um sie vom Tal leichter sehen zu können.

Bei dem Punkt unten hingegen wählt man

1. ebenfalls einen womöglich großen Platz, um viel Holz in der Nähe aufschichten zu können.
2. Die Nähe eines Flusses, Weges, Eisenbahn etc., wodurch der Weitertransport des Holzes wesentlich erleichtert wird.
3. Die Nähe von Trinkwasser für Menschen und Tiere.

Bei Anwendung dieser beiden Punkte ist aber das allerwichtigste, den richtigen Neigungswinkel zu bestimmen, den das Drahtseil mit horizontalem Boden bildet; ist der-

selbe zu groß, so läuft das Holz zu schnell und stößt sich
unten zu viel ab; ist er klein, so bleiben zuweilen die Rollen in der Mitte stehen und man muss durch Nachriesen
die stehengebliebenen Gebinde wieder in Bewegung setzen.
Bei Aufstellung des Waldtelegrafen zum Abriesen von Ast-,
Faschinen- und Brennholz genügt der Winkel von 30 – 35°,
auch zuweilen 20°, es hängt das natürlich von der Distanz
und Länge des Seiles sowie von der Schwere des Holzes ab,
welches darauf abgeriest werden soll.

Die Anwendung des Waldtelegrafen zum Abriesen von
Bündeln, Faschinen, Brennhölzern und Stangenhölzer sowie zum Abriesen von Klötzen und ganzen Baumstämmen.
Von dem Gewicht des Holzes hängt die Dicke des Drahtseiles ab.

Nun will ich beschreiben, wie ich den ersten Waldtelegrafen
1855 in Tirol in der Gemeinde Fai aufstellte. Man wusste
noch nichts von Drahtseilen und ich benutzte Eisendraht.

Sobald ich die beiden Punkte oben und unten bestimmt
hatte, ließ ich den Draht im Gewicht von 615 kg auf Maul-
eseln oben zum Punkt tragen und fand rückwärts vom
Punkt, wo später der Bock *(Abb. 16)* damals noch bloß
von zwei Stangen, hingestellt wurde, eine große Buche
(Abb. 17), um welche ich den Draht befestigte. Außer tief-
wurzelnden großen Stämmen kann man auch große Stöcke
oder einen lärchenen oder eichenen 180 cm langen Klotz

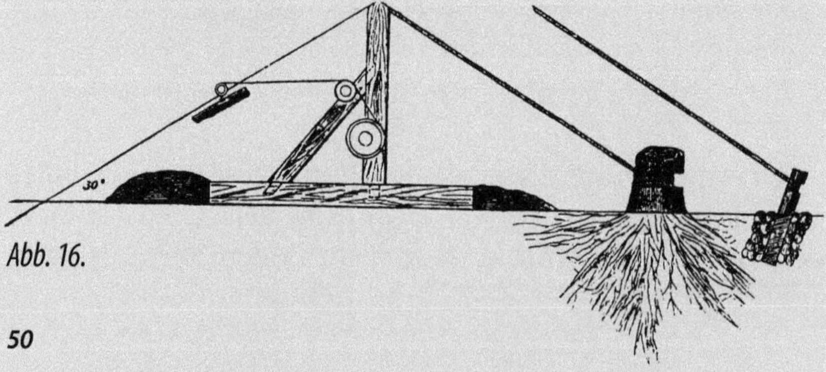

Abb. 16.

von 20 × 20 cm verwenden und denselben 120 cm tief schräg eingraben und mit Steinen fest verstampfen *(Abb. 16 re.)*.

Diese Gegenstände werden durchbohrt, das eine Ende des Drahtes durchgezogen, so weit, bis man dieselben drei- bis viermal umwickeln kann, und ich ließ immer die Gegenstände, wo der Draht zu liegen kam, etwas einschneiden, damit er fester anliege.

Sobald ich nun das obere Ende des Drahtes befestigt hatte, nahm ich ein Gewicht von 100 kg rund mit einer Öse und steckte das andere Ende des Drahtes durch, befestigte mittelst einer eisernen Querstange den Draht, und nun nahmen zwei Arbeiter diese Kugel, trugen solche um eine am Rande stehende Buche und ließen nun dieselbe über die Felsenwand langsam abrutschen, indem sie den Draht langsam und vorsichtig durch die Hände rutschen ließen *(Abb. 18)*.

Da dort eine steile Wand war, so kam das Gewicht nach 2 Stunden schon unten an, sind es aber schiefbewachsene Waldflächen, so müssen die Linien 3–4 m breit durchgehauen werden, um das Drahtseil darüber durch Menschen ziehen zu lassen.

Die Arbeiter lösten unten das Gewicht ab und spannten den Draht über eine eichene Walze, bis er die nötige Spannung erreichte; dann stellten sie oben den Bock auf, welcher damals bloß aus zwei Stangen bestand, und befestigten die abzuriesenden Faschinen mittelst abgedrehter Winden von Haselnuss-, Eschen- und Vogelbeerbaum am Draht.

Unten über die Walze wurden große Steine gelegt, dass bloß der Draht ersichtlich blieb und dann immer kleinere Steine bis zuletzt oben Schutt und Rasen, worauf die abgeriesten Faschinen anprallten.

Abb. 17.

Abb. 18.

Abb. 19.

Ich empfehle jedoch folgende Walze *(Abb. 19)* einzuführen, wo an einer Säule ein eisernes Zackenrad angebracht ist, wodurch das Ablaufen des Drahtes verhindert wird. An dieser Walze sind hinten zwei eiserne Ösen angebracht, durch welche Ketten gezogen werden, um die Walze an einem Stamm befestigen zu können.

Jetzt empfehle ich auch den von der Fabrik Franz Burkhardt in Basel gemachten Bock *(Abb. 16)* auf drei Säulen, wo auch zugleich die ablaufenden Rollen und Schnüre, die verwendet werden, wieder leicht hinaufgezogen werden können.

In der Gemeinde Liestal wird dieser Waldtelegraf von dem erfahrenen Forstverwalter Strübin seit zwei Jahren benutzt; derselbe hat voriges Jahr anstatt des Eisendrahtes ein Drahtseil *Abb. 20* aus der Fabrik Martin Stein u. Comp. in Mühlbausen sowie gusseisernen Rollen mit 25 mm Diameter und 13 mm Eisendicke samt eisernen Haken *(Abb. 21)* aus der Gusseisenfabrik von Brüderlin u. Comp. in Liestal verwendet.

Auf diesem Waldtelegrafen wurden 100 Klafter Buchenholz à 3,4 m³ und 1200 Reisigbündel zu Tal befördert. Die Reisigbündel, 90 cm lang 8 cm dick, mit Astholz bis auf 5 cm Stärke, im Gewichte von 12 – 20 kg, wurden einzeln abgeriest und 100 Stück in 10 bis 12 Minuten; es waren stets 4 – 6 Stück unterwegs. Die Buchenscheite waren zu mehren Stücken mit einem Strick zusammengebunden, und wurden so an den Rollen abgeriest, der Aufschlag erfolgte unten viel heftiger und es konnten nicht mehr Scheite als im Gewichte von 30 – 40 kg abgeriest werden. 1 Klafter Buchen-Scheitholz von 7200 kg Holz, resp. 5300 kg

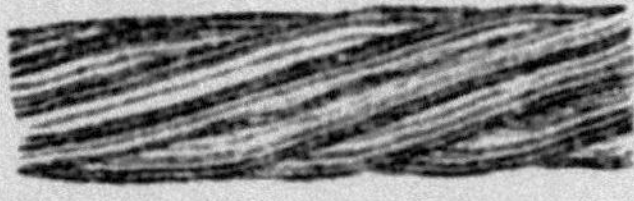
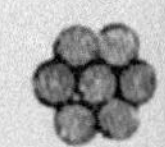

Holzmasse durchlief diese 300 m Länge in 28 – 30 Minuten, somit wurden in 10 Stunden 20 Klafter abgeriest. Sobald 50 Rollen abgeriest waren, wurde der letzten Last eine Schnure angehängt und damit die Rollen und Stricke mittels einer Haspel wieder hinaufbefördert.

Abb. 20.

An Rollen, Haken und Stricken berechnet Strübin täglich 60 – 100 Centims und sobald das Drahtseil gehörig geölt wird, und nicht mehr als 25 kg darauf auf einmal abgeriest werden, so leidet dasselbe gar nicht. Oben im Walde waren zwei Arbeiter beschäftigt, der eine zum Herbeischaffen der Gebinde, der andere zum Anhängen, und unten war zum Loshängen und Wegnehmen ein Arbeiter beschäftigt. Strübin hat diesen Waldtelegrafen oben im Walde an einem Baum in der Höhe, wie es gerade die Größe des Arbeiters verlangte, angebunden, unten hatte er zwei Pfähle in die Erde geschlagen, kleine Ketten halten eine fußlange Walze, welche auf der Erde liegt. Zwei Hebel dienten dazu, das Drahtseil um die Walze zu winden und anzuspannen. Er ließ aber nur sehr mäßig anspannen, damit die oben anfänglich beflügelte Geschwindigkeit nachlässt, und so die mittlere Holzschwere ohne großen Aufschlag unten bei der Walze ankommt.

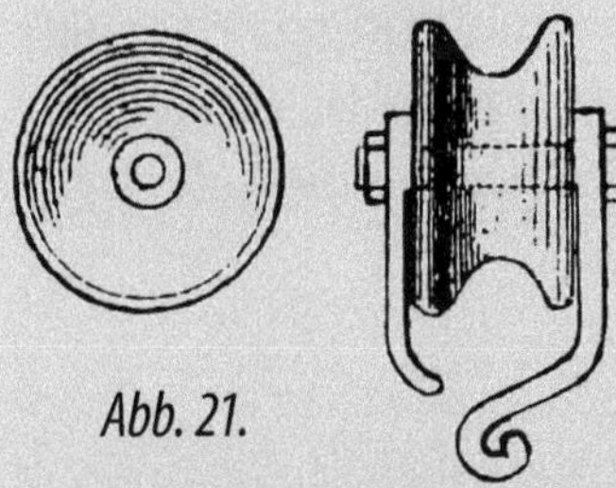

Abb. 21.

Das von der Gemeinde Liestal ausgestellte Zeugnis über meine Waldtelegrafen lautet wörtlich:

> *Auf Verlangen des Herrn A. Hohenstein, Forstmanns aus Bayern, bezeugen die Unterzeichneten, dass der von ihm in seinem Werke betitelt ›Der Wald‹ empfohlene Waldtelegraf hier in Liestal durch die Forstverwaltung in Anwendung gebracht worden ist, und dass derselbe in etwas geänderter Weise uns erhebliche Dienste, Kosten- und Zeitersparnisse gewährt hat.*
>
> *Liestal, den 20. Oktober 1867.*
>
> *Namens des Gemeinderates:*
>
> *Der Präsident: C. Holinger.   J. Strübin, Förster.*

Aus dieser Beschreibung kann jeder Forstmann ohne viele Schwierigkeiten den Waldtelegrafen für den Transport von Faschinen, Reiß-, Brenn- und Stangenhölzer selbst aufstellen und ich empfehle ihm nur die dazu nötigen eisernen Maschinen aus der berühmten Fabrik Franz Burkhardt in Basel zu beziehen, welcher solche solid gearbeitet liefert:

- Die eisernen Rollen zum Transport der Faschinen- und Brennhölzer *(Abb. 21 u. 22)*.
- Die Walzen samt Holz bis zu jeder beliebigen Stärke *(Abb. 19)*.
- Die Böcke samt den dazu gehörigen Haspeln bis zu jeder Stärke *(Abb. 16)*.

Die Seile können in jeder beliebigen Stärke und Länge aus der Drahtseilfabrik Martin Stein u. Comp. in Mühl-

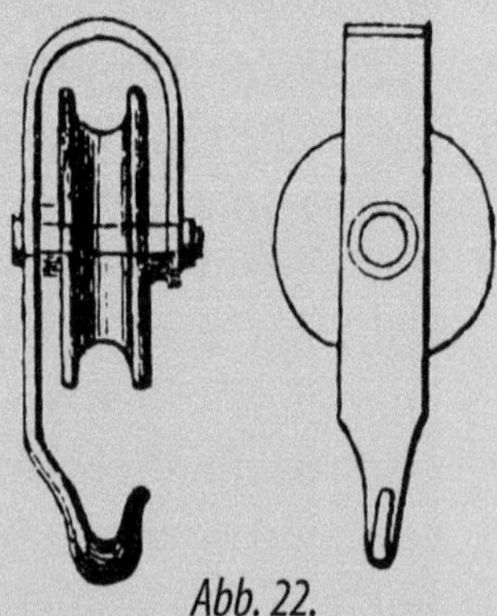

Abb. 22.

hausen bezogen werden, nur ist zu empfehlen, weil sie beständig im Freien und somit dem Einfluss der Witterung ausgesetzt sind, dass diese Seile leicht geteert werden.

Diese Aufstellung erfordert ein gründliches Studium des Terrains, des Winkels, den das Drahtseil zu beschreiben hat und hängt hauptsächlich von der Länge, Stärke und Gewicht der abzuriesenden Bauhölzer und dann noch von der Länge des Drahtseiles und dessen Gewicht ab; denn danach richtet sich die Befestigung des Drahtseiles oben und die Aufstellung der Maschine unten, und es lassen sich daher vorher keine festen Größen der Maschine angeben.

Der Hauptpunkt aber unten muss etwas erhöht angelegt werden; weil ein solches Seil von der Stärke, worauf schwere Klötze abgeriest werden, sich nie so schonen lässt und in der Mitte immer eine Einbiegung bleibt, wo sich die Kraft des abzurollenden Klotzes mehr oder weniger bricht und dann ganz langsam bis zur Maschine etwas aufwärts läuft.

Die Böcke oben müssen sich natürlich nach der Länge und Dicke des Drahtseiles richten und eine besonders solide Befestigung ist hier sehr notwendig und hängt ganz von den Terrainverhältnissen ab.

Abb. 23 stellt eine Maschine am Fuße des Berges vor, wo mittelst Schnecken-Getriebe das Drahtseil zur Abriesung

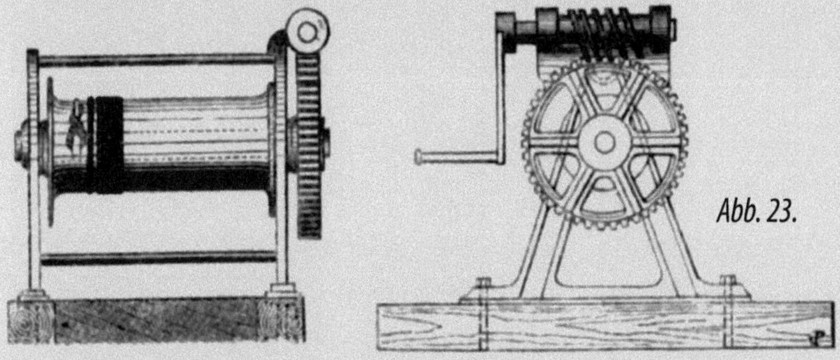

Abb. 23.

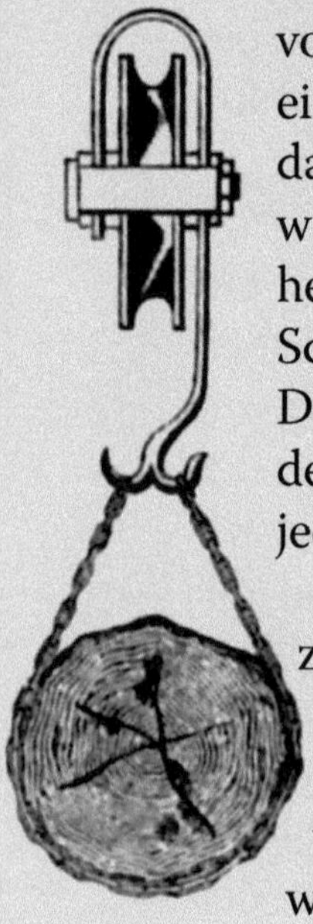

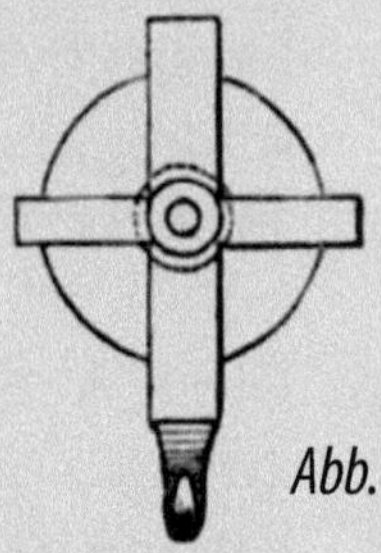

von Klötzen angespannt wird und welche eine solche erhöhte Lage bekommen muss, dass der abzuriesende Klotz etwas aufwärts läuft und vor der Maschine stillstehen bleibt. Diese Maschine, welche von der Schwere der Klötze und dem Gewicht des Drahtseiles abhängt, ist zu beziehen aus der Maschinenfabrik Franz Burkhardt in Basel bis zu jeder beliebigen Größe.

Abb. 24 u. 25 zeigt die Rollen zum Abriesen der Klötze und Baumstämme. Sie sind aus obiger Fabrik in beliebiger Anzahl zu beziehen.

Zur Untersuchung des Terrains für Aufstellung von Waldtelegrafen zum Transport von Bauhölzern, wo eine genaue gründliche Aufnahme und richtige Bestimmung der beiden Punkte, des Steigungswinkels und der Stärke des Drahtseiles erforderlich ist, verpflichte ich mich persönlich gegen entsprechende Entschädigung die richtigen Erhebungen aufzunehmen.

• *Adolph Hohenstein, Forstmann.*

Abb. 25.

Abb. 24.

Von der Drahtriese zur Seilbahn

Ab und zu findet man, namentlich in Gebirgsgegenden, erste Versuche zur Konstruktion von Seilschwebetransporten; doch können diese kaum als Bahnen angesehen werden, da sie vielfach noch nicht einmal die Vollkommenheit erreichen, wie sie z. B. die von Lorini oder Faustus Verantius erwähnten Anlagen besitzen. Wir finden ab und zu in den südlichen Alpen derartige Versuche, so u. a. in Kanton Tessin. So soll z. B. in Riva San Vitale im Jahr 1849 ein Hanfseil von 40 mm Stärke und 1050 m Länge zum Abtransport von Holzlasten mittelst flaschenzugähnlicher Einrichtungen, die an dem Seil liefen und unter Benutzung des Gewichtes der abwärtslaufenden Last arbeiteten, benutzt worden sein. Auf diesem Seil sollen etwa 700 Tonnen Brennholz, die aus dem oberhalb liegenden Wald von Ghinella stammten, transportiert worden sein. Ebenso soll in den Sopraceneri (Arbedo etc.) zu jener Zeit die Verwendung von Hanfseilen zum Transport von Waren, Brennholz und Heu zur Anwendung gekommen sein. (Im Volksmund wurden diese Einrichtungen allgemein ›Bordioni‹ genannt.)

Diese vorstehende Angabe über die Länge scheint jedoch einigermaßen zweifelhaft, da ein freihängendes Hanfseil von über 1000 m Länge schon durch sein Eigengewicht eine solch riesige Spannung im Verhältnis zu seiner Bruchfertigkeit erhalten würde, dass es zum Transport von Lasten wohl kaum noch zu verwenden gewesen wäre. Sollte es unter nur geringer Spannung ausgehängt worden sein, so wird jedenfalls der große Durchhang seine Verwendung als Bahn zum Lastentransport ausgeschlossen haben.

Die Erfindung der Drahtseile und deren allgemeine Einführung in die Fördertechnik, zunächst des Bergbaues, hatte eine wesentliche Vervollkommnung der Drahtherstellung schon nach ganz kurzer Zeit zur Folge, die ihrerseits wieder zu einer großen Verbilligung namentlich der Eisen- und Stahldrähte führte. Hierzu kam noch die Einführung des Telegrafen, der mit seinem riesengroßen Bedarf an Eisendrähten befruchtend auf die Drahtindustrie einwirkte, so dass sehr bald Drähte, namentlich stärkerer Abmessung, von mehreren Millimeter Durchmesser, auch da bekannt und gebraucht wurden, wo man früher überhaupt an die Verwendung von Draht nicht dachte. In vielen Fällen wurden die gegenüber den Drahtseilen erheblich billigeren Drähte an Stelle ersterer angewandt, so dass z. B. die nachweislich ersten Luftbahnen mit eiserner Fahrbahn eigentliche Drahtbahnen waren.

Die ersten wirklichen Drahtseiltransporte des 19. Jahrhunderts dürften in Belgien etwa im Jahr 1853 gebaut worden sein. Dücker berichtet, dass er im Jahr 1853 auf der Steinkohlengrube Espérence bei Seraing in Belgien einen Kohlentransport gefunden habe, bei dem von einem höher liegenden Schacht abwärts nach der Talsohle die Kohle in an einem Drahtseil hängenden Körben gefördert wurde. Eine Zeichnung dieser Anlage ließ sich leider nicht beschaffen. Da jedoch in dem erwähnten Berichte nur von einem Drahtseil die Rede ist, muss hin- und hergehender Betrieb bestanden haben, so dass zu vermuten ist, dass die leeren Körbe immer in größeren Partien, vielleicht mit einer Schleppleine wieder zurückgezogen worden sind. Über die Dauer des Betriebes, etwaige Betriebsausführungen usw., waren Angaben nicht zu erlangen.

In der Schweiz, namentlich im Berner Oberland und im Kanton Graubünden, wurde wohl schon zu Mitten des 19. Jahrhunderts von armen Wildheuern über unzugängliche Fluhwände und tiefe Abgründe hinweg an einem aufgespannten Seile das Futter, dessen ihre Schafe oder Ziegen den Winter über bedürfen, ins Tal zur ärmlichen Hütte geschafft, manchmal sogar die halsbrecherische Fahrt mit der schnellgleitenden Rolle über die Tiefe persönlich unternommen.

Im Jahr 1857 kaufte ein Bauer, Johann Baptist Pradi in Lewico, einer Gemeinde im Trientiner Kreis, einen auf einer steilen Felswand, 840 m über dem Meer gelegenen Buchenwald, zu dessen Ausbringung, die durch Handschlitten zu teuer geworden wäre, er sich eine der ersten Drahtriesen ausdachte. Fast zu gleicher Zeit baute sich aber auch ein Kalkbrenner, der in Etschtal zu der neuen Eisenbahn von Bozen nach Verona Kalk brannte, eine ganz ähnliche Drahtriese, die er über eine schroffe Felswand von der Höhe des Berges bis zu seinem am Fuß desselben gelegenen Ofen gespannt hatte, um diesem den Holzbedarf aus dem Wald direkt zuzuführen. Die Konstruktion dieser beiden Drahtriesen war selbstverständlich sehr primitiv; sie bestand einfach darin, dass auf dem Berg in einiger Entfernung vom Rand des Abhanges ein Draht entweder an einem Baumstamm oder an einem eingerammten Klotz befestigt, dann über einen Bock gezogen und in ähnlicher Weise, da, wo die Abgabe der abzuriesenden Hölzer stattfinden sollte, wieder befestigt wurde. Zum Abriesen der Hölzer dienten hölzerne Haken, an deren einem Ende die Lasten angebunden waren.

Der Forstmann Adolf Hohenstein baute im Jahr 1859 in Mezzolombardo, von dem Berge Faucior in das Tal hinunter eine Drahtseilriese, die er ›Waldtelegrafen‹ nannte, und von der er selbst bemerkt, dass er damals von Drahtseilen noch nichts wusste und sich deshalb mit Eisendraht begnügen musste (s. S. 44).

Die Unvollkommenheiten, welche jene ersten Anlagen naturgemäß besitzen mussten, waren einerseits die Unmöglichkeit einer genügenden Spannung des Drahtes und das öftere Zerreißen desselben, andererseits aber der Umstand, dass bei dieser Art der Bewegung der Last auf der Fahrbahn die geringste Unebenheit oder ein Windstoß die zu transportierenden Hölzer in die Schluchten schleuderte. Ferner kam noch hinzu, dass die zum Abriesen benutzten Haken nicht wieder an den Ausgangspunkt zurückkamen, so dass immer neue Haken verwendet werden mussten. Die erste Vervollkommnung, die schon kurz nach der Anwendung dieser ersten Seilriesen an ihnen angebracht wurde, bestand zunächst darin, dass statt des einen Drahtes, der die Laufbahn bildete, ein aus mehreren Drähten zusammengeflochtenes Drahtseil verwendet wurde, das mit einem Ende an einer Welle befestigt und durch Drehen und Feststellen derselben mit Hebeln gespannt wurde. Es bot dieses Seil einerseits den Vorteil größerer Dauerhaftigkeit, andererseits ließen sich aber auch dann sofort große Einzellasten auf ihm transportieren.

Hatte der zuerst erwähnte belgische Seilaufzug bei Seraing eine Wiederholung an anderer Stelle auf Grund der mit ihm gemachten Erfahrungen anscheinend nicht gefunden, so ergaben sich aus den Schweizer und Tiroler Drahtriesen aber sehr bald Konstruktionen, die zu einer Ausbildung nach der Richtung hin, in der sich die späteren Drahtseilbahnen entwickelten, aber unabhängig, von diesen, führten. Es entstand schon bald nach der soeben beschriebenen Drahtbahn eine weitere desselben Systems in der Nähe von Luzern.

Zur Ausbeutung des bis dahin wegen der Unmöglichkeit des Holztransportes nutzlos gebliebenen Bürgenbergwaldes der Stadt Luzern hatte die Forstverwaltung im Jahr 1861 nach einem erstmaligen nicht erfolgreichen Versuch mit einem 6 mm dicken Draht später ein Drahtseil von 12 mm Durchmesser, bestehend aus 28 Drähten von je 1,5 mm Diameter auf 750 m Länge und einem Gewicht von 285 kg, anfertigen, dasselbe auf großen Umwegen und mit anstrengendem Transport auf die obere, 494 m senkrecht über der unten liegenden Station bringen und auf eine Welle von 24 cm Durchmesser, die ihre Anhaltspunkte am Fuße zweier Bäume hatte, anbringen lassen. Das Überbringen des anderen Endes zur unteren Station war, nach der von Forstverwalter Schwyzer in Luzern gemachten Beschreibung, eine lebensgefährliche Operation, welche aber durch die Unerschrockenheit und Besonnenheit des Bannwarten glücklich in der Weise gelöst wurde, dass das Seil durch einen Föhrenstamm hindurchgezogen und hinter demselben wieder auf eine dort festgemachte Welle aufgerollt wurde. Es dürfte auch diese Seilriese auf die Anregung von Hohenstein zurückzuführen sein.

Zum Anhängen der zu riesenden Hölzer wurden hölzerne Haken und eiserne Rillenräder, deren Rille dem Durchmesser des Drahtseiles entsprach, angewendet. Mit letzteren erzielte man wohl eine weit größere Schnelligkeit, als mit den Haken, indes bewog die Rücksicht auf Sparsamkeit die Anwendung letzterer, weil eine Rolle allein 2,50 Franken kostete. Die mittlere Geschwindigkeit auf der 700 m langen Bahn betrug für Faschinen von 10 – 12 kg Gewicht bei Anwendung von Holzhaken in einer Sekunde 20,5 m, bei Anwendung der Rolle in einer Sekunde 24,7 m.

Mittelst dieser Vorrichtung wurden täglich 300 – 400 Bündel Holz vom Berg an den See hinuntergeliefert, auf eine Entfernung, für welche ein geübter Fußgänger wenigstens 1½ Stunden braucht. Zur Erleichterung des Verkehrs zwischen den Arbeitern der beiden Stationen, sei es zur Rücksendung der Haken, sei es zur Befriedigung anderer Bedürfnisse, wurde ein Sack oder Korb an einer über eine Welle gezogenen Leine, welche mit Zwischenhaken dem Drahtseil möglichst nahe gehalten wurde, in gut 30 Minuten hin- und herbefördert.

Aus dieser Beschreibung ergibt sich, dass diese bei Luzern gelegene Seilriesenanlage somit schon einen weiteren Schritt zu einer Ausbildung als Bahnanlage getan hatte, insofern, als hier schon die zum Rückbefördern der Laufwerke dienenden Leinen Anwendung gefunden haben.

Das Jahr 1861 ist für die Entwicklung des Drahtseilbahnbaues überhaupt ein sehr bedeutungsvolles geworden, denn in dieses Jahr fallen die ersten Versuche des damaligen Königlichen preußischen Bergassessors Freiherrn von Dücker mit Seileisenbahnen im Park zu Bad Oeynhausen und in Bochum, die sich von dem Seilriesen aber kaum unterscheiden *(s. S. 64)*.

Dücker gibt selbst an, dass er im Jahr 1853 die Seileisenbahnen bei Seraing in Belgien gesehen habe und ihm die von den Indern und Japanern gebauten Taubahnen auch nicht unbekannt waren, so dass bestimmt anzunehmen ist, dass die Kenntnisse dieser primitiven Anlagen in ihm den Gedanken zur weiteren Ausbildung derselben erzeugt haben mögen.

Die Versuchsbahn bei Bochum kann als Drahtseilbahn wohl kaum angesprochen werden. Das Einzige, was sie mit dem Drahtseil überhaupt in Berührung bringt, ist die Verwendung eines Seiles als Laufbahn, doch scheint es, als seien auf dieser, über die beglaubigte Skizzen nicht vorhanden sind, die Wagen von Hand bewegt worden. Ebenso handelte es sich bei ihr nur um ein einziges Gleis, das natürlich nur für hin- und hergehenden Betrieb verwendet werden konnte, so dass hier von einer Hängebahn mit Handbetrieb gesprochen werden muss.

Die hauptsächlichste Neuerung, die Dücker hier gegenüber den früher bekanntgewordenen Einrichtungen einführte, bestand vornehmlich in der Unterstützung der Fahrbahn zwischen den Endpunkten. Während man seither noch nicht dazu gekommen war, die zwischen zwei Punkten schwebend ausgespannten Fahrbahnen anders, als wie an ihren Endpunkten zu unterstützen, fand Dücker ein Mittel, durch Konstruktion seiner Hängewagen, deren Lastaufnahmebügel einseitig von den Laufrollen und somit von der Fahrbahn angeordnet war, letztere selbst nach der dem Bügel abgewandten Seite zu unterstützen, und dies blieb auch die einzige Art der Verbesserung, die er zunächst, wenigstens bis zu Beginn der 1870er Jahre zur Ausführung brachte. Die Anordnung des Betriebes, das Fortbewegen der Wagen, die Ausspannung der Fahrbahn selbst blieben zunächst noch auf einem äußerst primitiven Standpunkt stehen. Die Versuchsbahn in Oeynhausen, die aus einem Rundeisen von 13 mm Stärke bestand, besaß nur einen Wagen, der vom Boden aus mit der Hand bewegt wurde. Die Fahrbahn war an beiden Seiten fest verankert, so dass von einem selbsttätigen Längenausgleich bei wechselnder Temperatur oder wechselnder Belastung natürlich keine Rede sein konnte. Die Art der Fortbewegung der einzelnen Lasten gibt Dücker folgendermaßen an:

»Falls eine derartige Bahn sehr große Länge hat, so kann man füglich rasche Zugtiere anspannen, auch würden Menschen durch Draisine-Vorrichtung überraschende Resultate liefern können. Selbst leichte Lokomotiven kann man anhängen, deren Drehung durch Riemen und Scheiben den Rädern der Wagen auf dem Seil mitgeteilt würde.«

Letztere Äußerung Dückers ist hier durchaus unklar, aus einer früheren Veröffentlichung ist zu entnehmen, dass er

Seiltransportbahn nach dem System des Freiherrn v. Dücker

DEUTSCHE BAUZEITUNG • 10.8.1871

Deutschland ist die Heimatstätte gar mancher schönen und erfolgreichen Erfindung, aber leider entspricht die deutsche Unternehmungslust diesem Reichtum schaffender Gedanken nicht. Daher kommt es, dass die ausländische Industrie – vornehmlich die englische und amerikanische – sowohl deutsche Erfindungen als die deutschen technischen Kräfte selbst benutzt und an sich zieht; die ersteren kehren dann als vollendete Tatsache unter fremdem Namen und fremder Marke zu uns zurück, um als etwas Außerordentliches angestaunt zu werden, – oft aus dem einzigen Grund, weil sie ›weit her‹ sind – die letzteren sind in der Regel für uns auf immer verloren.

Liegt dieser unzweifelhaften Wahrheit einerseits eine gewisse Schwäche zu Grunde, welche mit der bisherigen politischen Zerrissenheit Deutschlands im Zusammenhang steht, so können andererseits diejenigen Staatsorgane, denen die Belebung und der Schutz der Industrie obliegen, nicht frei von Schuld gesprochen werden, sofern sie oft in bürokratischer Ängstlichkeit und Umständlichkeit der Einführung und Verwirklichung neuer Ideen eher hinderlich als förderlich sind.

In verschiedenen technischen Zeitschriften sind in letzterer Zeit Berichte erschienen über Seiltransportbahnen, die in England und Amerika zur Ausführung und erfolgreichen Anwendung gekommen sind, aber nirgends ist der Tatsache

Erwähnung geschehen, dass die Seiltransportbahn durchaus deutschen Ursprungs ist.

Bereits im Jahr 1861 trat der königliche Bergassessor Freiherr von Dücker mit der Idee hervor, den Transport von Kohlen und Erzen über die Weser in der Porta Westfalica mit Hilfe einer Seiltransportbahn zu bewirken. Dieselbe sollte das dortige Eisenwerk mit dem am anderen Ufer der Weser gelegenen Bahnhof verbinden und die sehr umständliche Fortschaffung der Lasten per Achse und Fähre ersetzen. Als Probe wurde im Bad Oeynhausen ein Eisendraht von 157 m Länge und 13 mm Stärke über mehre Unterstützungen hinweggespannt so, dass die Entfernung der letzteren voneinander bis 63 m betrug. Ein eiserner Wagen von etwa 13 kg Gewicht bewegte sich mit großer Leichtigkeit daran und zahlreiche Personen vertrauten sich dem schwebenden Fuhrwerk an. Obwohl damit die Brauchbarkeit der neuen Erfindung bewiesen war und der Eisenbahn-Ingenieur Polko auf Veranlassung der Hüttenwerks-Direktion dieselbe für den bezeichneten Zweck sehr geeignet erachtete, wurde doch von der Regierung zu Minden die Konzession nicht erteilt infolge von Protesten der Flussfähr-Interessenten!

In ähnlicher Weise wurde bei Bochum ein 25 mm-Drahtseil auf 125 m Länge mit einer Unterstützung in der Mitte aufgespannt und daran Lasten von 500 kg bewegt, aber hier wie an anderen Orten gelang es dem Erfinder nicht, Interessenten zu finden, welche die Ausführung von Seiltransportbahnen unternommen hätten.

Erst im Jahr 1868 machte der englische Zivil-Ingenieur Hodgson sein System bekannt und baute kurz nacheinander mehre solche Bahnen in England, Frankreich und Ungarn. Im Juni 1869 brachte die Zeitschrift *DER BERGGEIST* eine Beschreibung der Hodgsonschen Seilbahn *(s. S. 81)* welche den Verein für Fabrikation von Ziegeln etc. veranlasste, nähere Nachrichten über die Erfolge derselben einzuziehen und auch den mehr erwähnten Freiherrn von Dücker zu ausführlichen Mitteilungen über die Sache einzuladen.

Das System des Freiherrn von Dücker (einfacher als das von Hodgson) ist in Kurzem Folgendes: Ein Drahtseil, Rundeisen oder starker Eisendraht wird, wie es die beigegebene Skizzen veranschaulichen, in einer der Transportweite entsprechenden Länge über beliebig viele Unterstützungspunkte hinweg gespannt; dasselbe liegt frei auf seitlichen Unterstützungen, welche den Rädern der Transportwagen gestatten, ungehindert über die Unterstützung wegzulaufen. Aus gleichem Grund ist die Befestigung der Transportkästen an den Rädern eine einseitige; gleichzeitig ist die Anordnung so getroffen, dass der Schwerpunkt der Last immer in der Vertikal-Ebene des ausgespannten Seils bleibt, weil sonst Schwankungen entständen, die den regelmäßigen Betrieb gefährden würden.

Die Unterstützungen sind am bequemsten in Entfernungen von 10 – 15 m aufzustellen; es ist dabei nicht erforderlich, gleiche Abstände innezuhalten, vielmehr richtet man sich damit so ein, dass man den Verkehr auf dem benutzten Terrain in keiner Weise stört. Holzgerüste aus eingegrabenen Stangen mit seitlichen Absteifungen, oder in der Form von Galgen, oder endlich als Dreifüße konstruiert – je nach der erforderlichen Höhe oder sonstigen Lokalverhältnissen –, tragen eiserne Arme, deren Spitze zu einem Lager für das Seil geformt ist. Das Letztere liegt, wie schon erwähnt, lose auf und erhält an beiden Enden Erdbefestigungen in derselben Art, wie etwa die Ketten einer Hängebrücke. Ein Gewicht, in der letzten unbenutzten Spannweite aufgehängt, erhält die vorher durch eine Erdwinde oder einen Tummelbaum hergestellte Spannung dauernd. Die Räder, deren je zwei fest miteinander verbunden sind, haben auf

der Stirnseite ihres Kranzes eine Auskehlung, welche der
Stärke des Transportseiles entspricht, und erhalten dadurch
sichere Führung.

Welche Kraft man zur Fortbewegung des Transportwa-
gens anwendet, wird von den Lokalverhältnissen und dem
Umfang des beabsichtigten Betriebes abhängen, in vielen
Fällen wird es möglich sein, sogar das eigene Gewicht der
Last zu benutzen, wenn man dieselbe nämlich von der Höhe
ins Tal zu schaffen hat. Jederzeit ist aber die erforderliche
Kraft sehr klein, weil die Wagen leicht, d. h. mit sehr wenig

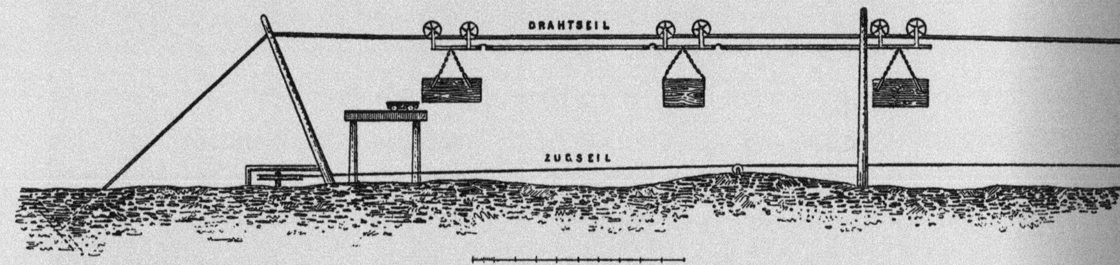

Reibung auf dem Seile entlang laufen. Große Einzellasten
sind mit Hilfe der Seilbahn wohl nicht gut fortzuschaffen,
wohl aber viele kleine Lasten in sehr kurzen Zwischenräumen zu bewegen.

An den Enden der Bahn werden Lade- und Ausladestellen
so angebracht, dass von da aus das Seil zu erreichen ist. Ein
Transportgefäß wird gefüllt, aufgehängt und fortgezogen
oder geschoben; sofort folgt dieselbe Manipulation mit einem zweiten, dritten, vierten Wagen. Am anderen Ende angekommen, wird der erste Wagen entladen, inzwischen ist
der zweite angelangt etc., endlich werden die leeren Transportgefäße – wenn nicht etwa Rückfracht vorhanden – auf
demselben Weg oder mit Hilfe einer zweiten Seilbahn zur
Ladestelle zurückgebracht.

Ist der Verkehr sehr stark, so wird es zweckmäßig sein,
aus den beladenen Wagen Züge zu formieren, indem man

dieselben fest miteinander verbindet. Da die Spannweiten oft sehr groß und das Seil möglichst schwach gewählt ist, so wird man darauf Bedacht nehmen müssen, dass nicht mehre Wagen mit ihrer Last an einem Punkt zusammentreffen, man hält sie daher durch zwischengehängte Stangen in konstanten Entfernungen voneinander. Bei größeren Anlagen kann man eine Leine ohne Ende zur Übertragung der Arbeitskraft verwenden und diese dann in regelmäßigen Abständen mit den Transportwagen verbinden, gleichzeitig auch die Einrichtung so treffen, dass sich diese Verbindung am Ankunftsplatz von selbst löst, die Transportgefäße also hier stehenbleiben.

Es ist leicht einzusehen, dass sich den örtlichen Verhältnissen entsprechend, noch manche Kombination der Art machen lässt, um den Betrieb zu regeln – die Hauptsache, das leichte und sichere Überschreiten der Unterstützungsstellen ist erreicht und durch die jetzt in Betrieb befindlichen Bahnen vollständig erwiesen.

Der Bau einer Seiltransportbahn erfordert sehr wenig Vorbereitungen und geringe Kosten, so dass deren Herstellung auch für vorübergehende Zwecke empfehlenswert ist. Zunächst fallen die meisten Terrain-Arbeiten, welche die Anlage von Gleisbahnen so sehr verteuern und verzögern, hier weg. Wege, Flüsse, Schluchten, Höhendifferenzen etc. werden ohne Schwierigkeit überwunden. Ein einfaches Nivellement, aus dem sich die Höhe und Entfernung der erforderlichen Stützen bestimmen lässt, und eine Längenmessung sind die einzigen Vorarbeiten; auch die Erwerbung von Terrain ist eine sehr unbedeutende. Dann folgt das Stellen und Ausrichten der Stützen, welches nur dann umständlich ist, wenn einzelne Standpunkte schwer zugänglich sind. Benutzt man ein Drahtseil, so kann solches in der erforderlichen Länge vorrätig gehalten werden, arbeitet man aber mit

Rundeisen, das bei kleineren Ausführungen vorzuziehen ist (es ist billiger und gibt weniger Reibung), so muss das Zusammenschweißen der einzelnen Stücke mit Hilfe einer Feldschmiede an Ort und Stelle geschehen und erfordert etwas mehr Zeit. Auflegen, Anspannen und Befestigen des Seiles geht sehr schnell und sicher, wenn die nötigen Werkzeuge und Vorrichtungen, so wie geübte Leute zur Stelle sind.

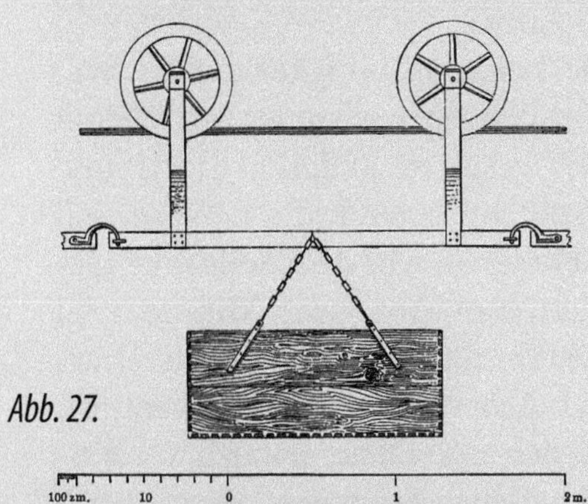

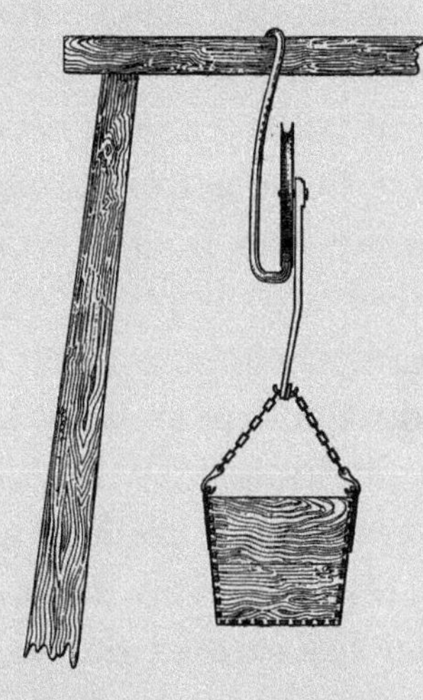

Abb. 27.

Die Seilbahn von Hodgson unterscheidet sich von dem eben beschriebenen System im Wesentlichen dadurch, dass hier ein Drahtseil ohne Ende als Transportmittel verwendet und selbst bewegt wird. An beiden Seiten läuft dieses Tau über große radförmige Rollen oder Trommeln und wird durch dieselben in Spannung erhalten, auf den Zwischenstützen liegt es auf kleineren Leitrollen, die so eingerichtet sind, dass die zu bewegenden Lasten über sie fort und an ihnen vorbeigeführt werden können. Die Transportgefäße sind ähnlich wie bei dem System des Freiherrn von Dücker konstruiert, aber nur mit einfachen Haken seitlich an das Drahtseil gehängt, von dem sie in Folge der Reibung mit fortgenommen werden. Die Bewegung wird in der Regel durch Umdrehung der einen Endrolle bewirkt, ist kontinuierlich und davon unabhängig, ob das Seil belastet ist oder nicht.

Ein Vergleich zwischen beiden Systemen ergibt, dass das von Hodgson größere Anlagekosten erfordert und einer größeren Abnutzung unterworfen ist, als das von Dücker. Diese Differenz wird erst durch sehr starken Betrieb ein wenig herabgedrückt, wenn nämlich eine Doppelbahn – auch nach Dücker – notwendig wird und das Seil sich jederzeit mit voller Ladung bewegen kann.

Über die Kosten und die Leistungsfähigkeit beider Systeme sind noch wenig Erfahrungen vorhanden; so viel ist aber einleuchtend, dass die ersteren anderen Transport-Einrichtungen gegenüber sehr klein sind, die letztere sich ganz enorm steigern lässt. Hodgson will dem Seile eine Geschwindigkeit von 3 m/s geben und in jeder Minute zwei Kästen von 250 kg Ladungsfähigkeit anhängen, was einen Transport von 300 t in 10 Arbeitsstunden repräsentiert. Ist Rückfracht da, so lässt sich der Effekt nahezu verdoppeln. Eine Bahn von 200 t täglicher Transportfähigkeit mit 100 kg-Kästen und allem Zubehör einschl. Lokomobile offeriert Hodgson für 500 Pfund Sterl. pro engl. Meile (ca. 3170 Taler[1] für 1600 m).

Freiherr von Dücker veröffentlicht in dem *NOTIZBLATT DES VEREINS FÜR ZIEGELFABRIKATION* folgende Kostenüberschläge: Auf einer Bahn mit einem Strang aus 31 mm Rundeisen sollen täglich 150 t auf 300 m (1000 Fuß) Entfernung transportiert werden. Dazu gehören (in 10 Arbeitsstunden) 40 Züge zu 7 – 8 Wagen von 500 kg Ladung, die durch zwei sich abwechselnde Menschen hin- und hergeschoben werden. Dieselben Menschen besorgen auch das Entladen, was bei Kästen mit Stürzvorrichtung sehr rasch geht. Für besonders schnelle Beladung der Wagen muss gesorgt sein. Solche Bahn würde kosten:

335 m Rundeisen von 31 mm Durchmesser,

2200 kg à 3½ Taler . . . .*154 Taler*

Zusammenschweißen desselben . . . . *20 Taler*

60 m gebrauchtes Gruben-Drahtseil von

* 31 mm Durchmesser, 125 kg à 4 Taler.* . . . . *10 Taler*

Endbefestigung. . . . . *10 Taler*

20 Unterstützungen à 4 Taler . . . . *80 Taler*

Erdwinde aus einem Holzstamm . . . . *20 Taler*

Aufstellung des Ganzen . . . . *25 Taler*

8 Wagen à 10 Taler . . . . *80 Taler*

8 Verbindungsstangen à 2 Taler . . . . *16 Taler*

zusammen . . . .*415 Taler*

Ein Taler in 1871 entspricht einer Kaufkraft von rund € 40 in 2023.

Für jede weiteren 300 m würde die Bahn etwa 270 Taler mehr kosten und die Anlage des 2. Stranges auf die ersten 300 m etwa 370 Taler, die ferneren 300 m je 230 Taler erfordern.

Eine andere Aufstellung ergibt für eine Bahn von zwei Strängen mit einer 15 PS-Dampfmaschine und einem Zugseil ohne Ende pro 7,5 km die Summe von 28 500 Taler, wobei nur der Grund und Boden, der in Breite von höchstens 2,8 m benötigt wird, außer Rechnung geblieben ist.

Auf solcher Bahn sollen mit Bedienung von fünf Menschen 450 t pro Tag (pro Minute ein Wagen zu 750 kg) befördert werden können.

Welche Bedeutung die Drahtseilbahnen für die Industrie, vielleicht auch für die Ausführung größerer Bauten gewinnen werden, muss erst die Erfahrung zeigen; die Vorteile, die sie am rechten Orte angewandt bieten, sind zu augenfällig, als dass man nicht an eine vielseitige Anwendung glauben sollte. In diesem Jahr sind in Deutschland unter der speziellen Aufsicht von Dücker zwei solcher Bahnen ausgeführt, und zwar mit so gutem Erfolg, dass sie die Aufmerksamkeit der Techniker jedenfalls auf sich ziehen werden. Da die Seilbahnen Terrainschwierigkeiten ohne große Kosten und ohne langwierige Arbeiten leicht überwinden, so ist ihre Anwendbarkeit eine außerordentlich mannigfaltige; sie werden sogenannte Hundegeleise überall ersetzen oder auch sich mit denselben verbinden lassen. Sie werden allemal billiger transportieren als Fuhrwerke, wenn Ein- und Abladestelle konstant bleiben; sie werden endlich Zufuhrbrücken für Materialien – die oft so enorme Herstellungskosten erfordern – unnötig machen, da es sich bei diesen stets um Beförderung vieler kleiner Lasten handelt.   • *A. Lämmerhirt* glaubte, leichte Lokomotiven an die Fahrbahn anhängen zu können, was nach dem damaligen Stand der Motorentechnik doch überhaupt als ausgeschlossen gelten musste. Oder wollte er Lokomotiven auf dem Boden fahrenlassen und die Seilbahnzüge damit bewegen? Jedenfalls geht deutlich aus diesen Äußerungen hervor, dass sich Dücker mit der Bewegung von Lasten zunächst nicht glaubte, vom Boden trennen zu können. Er versuchte lediglich ein von den Unebenheiten des Bodens unabhängiges Gleis zu schaffen, nicht aber ein hiervon überhaupt ganz unabhängiges Transportmittel.

Der Vorschlag, den Dücker im Jahr 1862 der Regierung machte, bestand aber in der Anordnung eines einzelnen Seiles mit Gefälle, das über die Weser hinausgespannt werden sollte, und dessen entleerte Wagen wieder mit einer Schleppleine zurückzuholen waren.

Die Idee Dückers ruhte nun bis zum Ende der 1860er Jahre. Trotz des glücklichen Anfanges, den ihr Schöpfer mit ihr gemacht hatte, blieb er unfrei in Bezug auf die konstruktiven Einzelzeiten bei der Weiterbildung seines Systems, und es war deshalb nur natürlich, dass ihm Erfolge mit demselben versagt blieben.

Aber die Idee selbst ruhte nicht. Allerorten wurden Versuche zur Einführung von Luftschwebebahnen gemacht, vielfach mit großem Glück. Eine interessante Mitteilung über Versuche mit einer Drahtseilbahn-ähnlichen Einrichtung im Jahr 1867 macht Fankhauser in seiner Broschüre *›Die Drahtseilbahnriese‹*:

»Unmittelbar in der Nähe von Liestal erhebt sich eine steile Berghalde, welche, so weit das Erdreich nutzbar gemacht werden konnte, Reben trägt und oben mit Gemeindewald bestockt ist, dessen Exploitation in Folge seiner Lage ganz bedeutende Transportkosten verursachte.

Dieser Umstand veranlasste im Jahre 1867 den dortigen Forstverwalter Strübin, den Holztransport an Draht zu versuchen und wurde der Anfang mit einem 210 m langen Draht Nr. 21 unter. einem Neigungswinkel von 45° gemacht. Das Resultat dieses ersten Versuches entsprach den erwarteten Erfolgen nicht, denn die 10 – 15 kg schweren Reisigbündel, welche man riesen wollte, fielen, noch ehe sie 30 m zurückgelegt hatten, immer vom Draht herab, weil der Bund durchgeschnitten war, andere, an starke hölzerne Haken befestigte, blieben am Draht hängen, weil sich der Draht zu sehr ins Holz einschnitt, und leichtere Bündel von nur 5 kg Gewicht mussten desgleichen abgelöst werden, weil sie nicht gleiten wollten. Daraufhin wurden eiserne Haken in Form eines **S** *angewendet; diese waren allerdings besser; aber auch sie schnitten sich so stark ein, dass sie höchstens zweimal gebraucht werden konnten.*

Es war somit keine Aussicht vorhanden, den Draht mit Vorteil zu verwenden, doch wurde noch ein letzter Versuch mit eisernen Röllchen von 3 cm Durchmesser und 2 cm Dicke gemacht, welche vollkommen entsprachen; allein nach einigem Gebrauch hielt der Draht nicht mehr und brach immer neben den Lötstellen, oft im Tag 2 – 3 Mal ab. Der Draht wurde deshalb beseitigt, und es kam an dessen Stelle ein Drahtseil, achtfach gewunden, von 1 cm Durchmesser, 300 m Länge, 45 kg Gewicht und einer Tragkraft von 400 kg für 46 Franken; mit diesen und den Röllchen wurde mit Erfolg gearbeitet. Von Flicken und Löten des Drahtseiles war keine Rede mehr, die Röllchen wurden täglich tüchtig eingeölt und waren die Reparaturen ganz unbedeutend. Da 50 Röllchen vorhanden waren, so wurde jeweilen der letzten Last eine Schnur angebunden, die sich von einem Holzhaspel abwickelte und an dieser wurden dann die Röllchen innerhalb von zwei Minuten wieder heraufgezogen. Sobald das Holz

*um das Drahtseil herum auf 50 Schritt Distanz weggeräumt
war, wurde dasselbe anderwärts wieder neu aufgespannt,
was in 10 – 15 Minuten geschah.«*

Es war also hier im Gegensatz zu der früher schon bekanntgewordenen Bauart Dücker wieder ein Seil mit einer einzelnen Spannweite von 300 m Länge gemacht worden. Diese
letztere Anlage beschreibt übrigens Hohenstein, der hier
als ihr Konstrukteur nachgewiesen ist *(s. S. 44)*. Der kleine
Schritt weiter gegenüber den früher bekanntgewordenen
Schweizer Riesen bestand darin, dass Eichen-Nutzholz-
stämme von 150 – 170 kg Gewicht an zwei Rollen befördert
wurden, was dazu ermunterte, auch Scheitholz in größeren
Massen hinabzulassen. Der Bericht hierüber sagt aber, dieses Spiel sei zu gefährlich gewesen und nach der ersten Probe unterblieben. Es fehlte eben hier an einer Regulierung
der Geschwindigkeit bzw. an einer Leitung der Last durch
ein ständig mit ihr verbundenes Zugseil. Diese Regelung
sollte, unabhängig von Dücker und unabhängig von den
Schweizer Versuchen, sehr bald gefunden werden.

Wesentlich war übrigens, dass uns zum ersten Male in
konstruktiver Form hier die Anspannung des Tragseiles mit
Hilfe einer Reguliereinrichtung entgegentritt, wenn auch
von einem selbsttätigen Spannungsausgleich noch nicht die
Rede sein kann.

Schon bezüglich dieser ersten Versuche zur Herstellung
von Drahtriesen haben sich nun merkwürdigerweise in die
Literatur sehr frühzeitig Fehler eingeschlichen, die sich bis
auf den heutigen Tag durch gegenseitige Übernahme der
einzelnen Schriftsteller voneinander erhalten haben und zu
einem großen Teil das Bild, das man sich von der wirklichen
Erfindung der Drahtseilbahn zu machen hat, vollständig
verwischt haben.

Nicht allein an dieser, sondern in noch höherem Maße an anderen Stellen und bei späteren Gelegenheiten lässt sich eine fehlerhafte Auffassung darüber, wem die Autorschaft der einzelnen Entwicklungsphasen zuzuschreiben ist, verfolgen.

Es hatte dies eben häufig seinen Grund in der nur sehr geringen und ungenauen Literatur, die oft den einen Ingenieur über die Absichten und Ausführungen des anderen im unklaren ließ.

So gibt z. B. Ladislav Vojacek im ›*Handbuch der Speziellen Eisenbahntechnik*‹ 1878 an, dass die Urheber dieses zum Holztransport dienenden Drahtriesensystems in seiner damaligen Entwicklung, also 1878, die Förster ›Frankenhausen‹ und ›Strübin‹ seien. Es steht jedoch einwandfrei fest, dass die ersten Konstrukteure von Seilriesen Pradi und Hohenstein sind, während ›Fankhauser‹ lediglich diese Versuche in seinem Buch ›*Der Drahtriese*‹ beschreibt, und während Strübin, der damalige Gemeindeförster von Liestal der Auftraggeber für die Hohensteinsche Drahtbahn war.

Drahtseilbahn in Amerika

DEUTSCHE BAUZEITUNG • 20.7.1871

Seit dem 1. September 1868 ist im Gebiet Colorado, in Clear Creek County, eine von Mr. G. W. Cypher zu Cambertsville für die Brown Silver Mining Company erbaute Drahtseilbahn mit gutem Erfolg in Betrieb. Dieselbe besteht aus zwei Hauptseilen von 28 mm Durchmesser, welche am oberen Ende in 2,1 m Abstand voneinander im Fels verankert, dann über einen 4,6 m hohen Turm hinweg in stark geneigter Lage in das Tal hinabgeführt sind, wobei sie in je 76 m bis 112 m Abstand an solchen Stellen, die verhältnismäßig sicher vor Lawinen sind, auf Stützen ruhen. Diese Stützen tragen gusseiserne Sättel, auf welchen die Drahtseile in solcher Weise aufliegen, dass die Rollen oder Räder der kleinen Förderwagen, welche auf den Seilen laufen, beim Passieren nicht behindert werden. Am unteren Ende der Bahn sind beide Hauptseile mit Keilen befestigt an starken Bolzen von 90 cm Länge, welche mit 60 cm langen Keillöchern versehen sind, damit man durch Nachtreiben der Keile die Spannung der Drahtseile gehörig regulieren kann. Die Seile sind dort an einem eisernen Querträger, der auf einem 9,1 m hohen Turm ruht, verankert und dieser Turm ist durch zwei Spannseile, welche nach einem großen, mit Steinen gefüllten Holzgerüst abwärtsführen, vor Umsturz gesichert.

Die Förderwagen hängen an Rollen, welche auf den Drahtseilen laufen, und zwar hängt jeder Wagen nur an je einem Seil, so dass die Bahn als eine zweigleisige zu betrachten ist. Die Wagenkästen sind ganz aus Eisenblech hergestellt und hängen an je zwei Rollen von 33 cm Durchmesser, deren

Abstand von Mitte zu Mitte 2,7 m beträgt. Die Hängeeisen, woran die Wagenkasten hängen, sind von ungleicher Länge, so dass der Boden des Wagenkastens bei der Bewegung auf der geneigten Bahn stets annähernd horizontal bleibt. Zur Versteifung der Konstruktion sind zwischen den Hängeeisen Kreuze aus schmiedeeisernen Gasröhren angebracht. Auf jedem Hauptseil läuft ein Wagen, und zwar sind beide Wagen durch ein 16 mm dickes Zugseil, welches über eine Seilrolle von 2,1 m Durchmesser am oberen Ende der Bahn geführt ist, miteinander verbunden, so dass der hinabgehende beladene Wagen stets durch sein Übergewicht den hinaufgehenden leeren Wagen hinaufzieht. Jene Seilrolle liegt horizontal in dem oberen Turm, das Zugseil ist vor derselben gekreuzt, natürlich mit Hilfe einiger Leitrollen. Die Seilrolle steht mit einer Handbremse in Verbindung, um die Geschwindigkeit der Bewegung zu mäßigen. Jeder Wagen fasst 750 – 1000 kg Erze. Wenn der beladene Wagen den Fuß der geneigten Ebene erreicht hat, so lässt man durch Öffnen des beweglichen Wagenbodens die Erze herausstürzen. Um die Wagen vor Schwankungen zu sichern, sind beide Wagen auch noch durch ein sogenanntes Schwanzseil von 9 mm Durchmesser miteinander verbunden. Dieses Schwanzseil ist an den unteren Enden der beiden Wagenkästen befestigt und über eine Seilrolle geführt, welche mit ihren Lagern in einem Gleitrahmen im unteren Turm, so dass sich dieselbe etwas auf- oder abwärts verschieben kann, aufgehängt ist. Zur Unterstützung des Zugseiles und des Schwanzseiles sind bei jedem Stützpfeiler längs der Bahn Rollen angebracht.

Es sollen dem Vernehmen nach noch mehre andere, nach demselben zweckmäßigen System erbaute Drahtseilbahnen in den Gebirgen von Colorado sich befinden.

• ENGINEERING

Die ersten Drahtseilbahnen

Es wäre zu verwundern gewesen, wenn das damals in den ersten Anläufen großer gewerblicher Entwicklung stehende Nordamerika, das mit seinen hohen Gebirgen und breiten Wasserläufen für die Anwendung von Seilbahnen so viel Vorbedingungen bietet, sich dieses Transportmittels nicht schon in seinen ersten Anfängen bedient hätte, und so gibt es denn auch schon im Jahr 1868 dort eine Seilbahn *(s. S. 77)*, die als ein weiterer Schritt zur Vervollkommnung des Systems selbst bezeichnet werden muss.

Wir finden hier zum ersten Male die Beschreibung einer vollständigen Drahtseilbahn und gleichzeitig aber auch zum ersten Male den charakteristischen Namen derselben ›Drahtseilbahn‹. Was bei dieser amerikanischen Bahnanlage auffällt, ist die Tatsache, dass bei ihr nachweislich zum ersten Male ein Doppelgleis angewandt worden ist. Dücker hat zweifellos den Gedanken der Verwendung von Doppelgleisen schon früher gehabt, aber sein langes Schweigen (von 1861 bis 1869 ist kaum eine Zeile über seine Konstruktion veröffentlicht worden) hat diesen Gedanken nicht in die weitere Öffentlichkeit kommen lassen, so dass anzunehmen ist, dass Cypher aus eigenen Ideen heraus zur Konstruktion dieser Anordnung gekommen ist. Nicht übersehen darf aber werden, dass es sich doch wieder nur um einen hin- und hergehenden Seilaufzug handelt, mit dem ein kontinuierlicher Betrieb nicht durchzuführen war, und dass die Ausbildung des Zugseiles zusammen mit dem hier so genannten Schwanzseil nur denselben Zweck verfolgte, wie die Anbringung des Unterseiles bei der Schachtförderung, nämlich den, Belastungen und Schwankungen auszugleichen, dass ferner die Wagen an Hängeeisen von ungleicher Länge, um sie horizontal zu stellen, aufgehängt sind, und dass namentlich für den Längenausgleich des Tragseiles die Einrichtung mit den nachtreibbaren Keilen doch noch äußerst primitiver und unkonstruktiver Art war. Bemerkenswerterweise findet sich aber hier einmal ein Hinweis auf die einseitigen Auflagerschuhe für das Tragseil, zum anderen ein solcher auf die Tragrollen für das Zugseil bzw. Schwanzseil. Ob der amerikanische Konstrukteur bezüglich dieser Teile die Ideen Dückers gekannt hat, oder seine Ausführungen aus eigenen Ideen schöpfte, ist nicht festzustellen.

Der größte Teil der aus dem Altertum und Mittelalter bekanntgewordenen Seilbahn-ähnlichen Einrichtungen bestand aus Zweiseilbahnen, mit Ausnahme der zu einem ziemlich hohen Grad der Vollkommenheit gebrachten Danziger Bahn. Die Drahtriesen selbst mit ihren festen Fahrgleisen sind, so weit es sich um das mögliche Rückbefördern der auf ihnen verwendeten Laufwerke handelt, ja auch als Zweiseilbahnen zu betrachten, und ebenso bewegen sich die Vorschläge von Prittwitz, Dücker und Cypher auf diesem Gebiet.

Überraschenderweise tritt uns aber nun im Juli des Jahres 1868 eine Seilbahnbauart entgegen, die anscheinend die Ausbildung der Drahtseilbahn in andere Bahnen lenken sollte, die Drahtseilbahn von Hodgson. Sie baute auf dem Danziger Einseilsystem auf, nahm offenbar dieses zum Muster und trat sofort nach dem ersten Versuch im Jahr 1868 als sehr weit durchgearbeitete und zu einem System zusammengeschlossene Erfindung vor die Öffentlichkeit. Die Zeitschrift *DER BERGGEIST* vom 18. Juni 1869 bringt die erste deutsche Veröffentlichung hierüber, die für die Geschichte des Transportwesens von großem Interesse ist *(s. S. 81)*.

Drahtseilbahnen nach Hodgson

DER BERGGEIST • 18.6.1869

Das Drahtseil-Transportsystem bezweckt einem langgehegten Bedürfnis nach Zweiglinien, nach Zuführungsadern zu den großen Verkehrsstraßen abzuhelfen. Seine entsprechende Anwendung wird es stets finden, wo es sich handelt, ein Verkehrsmittel herzustellen, um die Produkte eines Landes, nach Eisenbahnlinien, Flüssen oder der Seeküste hinzuschaffen, und Zweig-Eisenbahnen, Pferdebahnen usw. teils wegen ihrer Kostspieligkeit, teils wegen örtlicher Hindernisse, sei es durch Flüsse oder Schluchten u. dgl. uns im Stich lassen. In finanzieller Hinsicht wurde besonders ins Auge gefasst und auch glücklich erzielt, dass die Drahtseilbahnen an Anlage- und Betriebskosten sich nicht nur billiger stellen wie Zweig-Eisenbahnen oder Pferdebahnen auch der schmalsten Spuren, sondern sogar billiger, wie ein mittelmäßig guter Weg.

Drahtseile waren bereits früher auf kleine Strecken in Anwendung gebracht, und zwar nicht allein in Indien und Australien, sondern auch in einigen europäischen Bergwerks-Distrikten, wo man durch Überspannung eines Flusses oder einer Schlucht vermittelst eines einfachen Drahtseiles Mineralien hinüberschaffte. Jedoch dabei blieb es; eine weitere Anwendung und Ausdehnung des Seiltransportsystems scheiterte an verschiedenen Schwierigkeiten, unter denen insbesondere zu nennen sind:

1. der Übergang der am Seil hängenden Last über die Unterstützungspunkte;
2. die Ausgleichung der stets wechselnden Kraft, was das
   bald Auf-, bald Abwärtssteigen der Last mit sich bringt
   und praktisch große Schwierigkeiten für die Triebmaschi-
   ne darbietet;
3. die Verteilung der Last über die ganze Linie.

In dem neuen System von Hodgson werden sämtliche
Schwierigkeiten überwunden. Die Last hängt vermittelst
eines besonders gebogenen Eisens mit ihrem Schwerpunkt
senkrecht unter dem Seil, während das Stück, welches auf
dem Seile aufliegt und an welches das gebogene Eisen befestigt ist, wegen seiner Form über die Unterstützungspunkte
hinweggeht *(s. Abb. 28)*.

Eine Gleichmäßigkeit in dem Krafterfordernis wird da-
durch erzielt, dass nicht mehr ein einzelnes, sondern eine
Menge, in gewissen Zwischenräumen sich nachfolgender
Abb. 28. Gefäße den aufsteigenden gegenüber ein Gleichgewicht

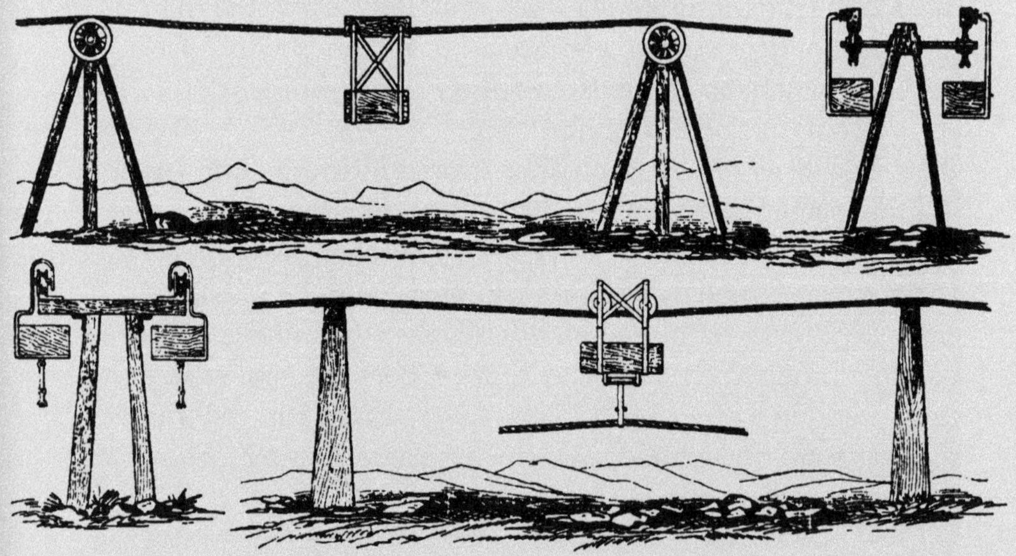

in der erforderlichen Triebkraft herstellen, so dass solche durch ein richtiges nacheinander Folgen lassen der Gefäße sogar ganz reguliert werden kann.

Abb. 29. Hadgsonsche Drahtseilbahn bei Bardon Hill. Anordnung der Endstation und des Antriebs.

Das System umfasst zwei verschiedene Ausführungsmethoden:

* die erste, wo ein Paar durch Böcke unterstützte Leitseile angewandt werden, die als Schienen dienen, und wo die aufeinanderfolgenden Gefäße von einem endlosen Triebseil fortbewegt werden, wie Nr. 1;
* die zweite, wo ein einfaches endloses Seil gleichzeitig als Leit- und Triebseil dient, es bewegt sich dann an den Unterstützungspunkten über Rollen (s. Nr. 2).

Nachdem im Herbst 1868 der erste Versuch auf einer 800 m langen Linie mit Erfolg gemacht, wurden die praktischen Details sofort ausgearbeitet und ein Kontrakt eingegangen zur Anlage einer Linie von 4800 m Länge in der Nähe von Leicester (England). Solche wurde Anfang 1869 vollendet und dient dazu, die Steine aus den Granitbrüchen von Ellis & Everard in Markfield nach der Midland-Railway-Station Bardon Hill zu schaffen.

Diese Linie besteht aus einem endlosen Drahtseil von 40 mm Umfang, unterstützt

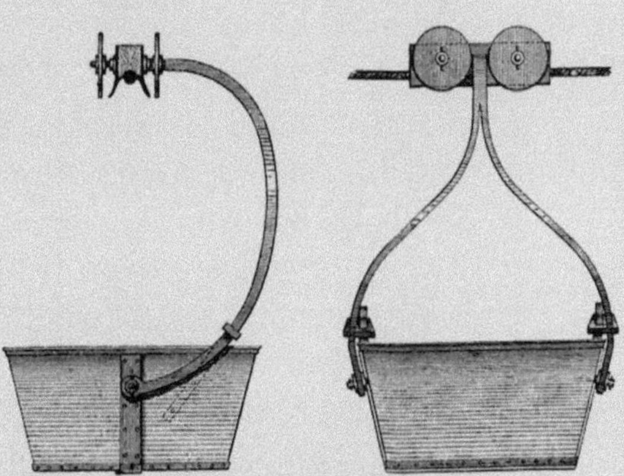

Abb. 30. Wagen der Hadgsonschen Drahtseilbahn.

durch eine Reihe 40 cm-Rollen, welche auf feststehenden Böcken ruhen. Die Böcke sind meist 46 m voneinander entfernt, jedoch wo nötig, wird die Spannung eine größere und steigt in einem Falle sogar auf nahe 180 m. Das Seil geht an einem Ende um eine sogenannte Fowlersche Seiltrommel (Fowler's clip drum) herum, welche vermittelst einer Lokomobile getrieben wird und so dem Seil eine Geschwindigkeit von 6 – 10 km/h gibt *(Abb. 29)*.

Die Gefäße werden am Landungsplatze auf das Seil und an der Eisenbahnstation von dem Seil geleitet, vermittelst Weichenschienen. Jedes Gefäß hat nämlich ein Paar schmale Rollen, welche auf die Schienen fassen. Die leeren Gefäße werden auf der anderen Seite wieder auf das Seil aufgeschoben und kehren nach den Steinbrüchen zurück.

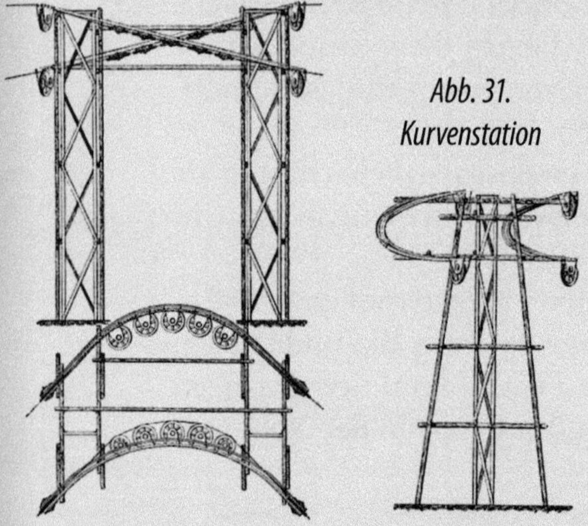

Abb. 31.
Kurvenstation

Jedes dieser Gefäße *(Abb. 30)* hält 50 kg Steine und beträgt die Beförderung 200 Gefäße oder 10 Tonnen per Stunde auf 4800 m Entfernung. Die Verhältnisse einer solchen Drahtseillinie können selbstverständlich den verschiedenartigsten Anforderungen angepasst werden, der Transport mag variieren zwischen 10 t und 1000 t per Tag in Einzellasten von je 50 – 500 kg Schwere. Zur Fortbewegung der Gefäße von 50 kg bis 250 kg erweist sich der Betrieb mit einfachem Drahtseil als völlig genügend. Für die schwereren Lasten von 250 kg bis 500 kg wäre zweckmäßig die andere Methode mit Leit- und Triebseil anzuwenden.

Beide Linien erfreuen sich in gleicher Weise des Vorteiles, über Landstrecken von der sonderbarsten Beschaffenheit Güter mit Leichtigkeit hinwegzuführen. Die technischen Schwierigkeiten sind nicht größer als diejenigen, welche der Anlage einer oberirdischen Telegrafenlinie entgegenstehen: Brücken, Dämme, sogar alle Mauerarbeiten sind überflüssig. Kurven *(Abb. 31)* oder Winkel, welche bei Übergängen in Seitentäler entstehen, bieten kein Hindernis dar, auch können nötigenfalls Zweiglinien in eine Haupt-Drahtseilbahn eingeführt werden.

Der Preis für Aufstellung einer solchen Drahtseilbahn hängt sehr ab von der Größe der Einzellasten sowohl, wie von dem Gesamtquantum, welches man zu fördern wünscht, dagegen weniger von der Beschaffenheit des Bodens, den man zu überschreiten hat.

Wie wir vernehmen, hat die bekannte Firma Felten & Guilleaume in Köln die Initiative ergriffen, um Hodgsons Drahtseil-Transportsystem in die diesseitigen Bergwerksreviere einzuführen. Besagte Firma steht dieserhalb bereits in Unterhandlung mit mehreren größeren

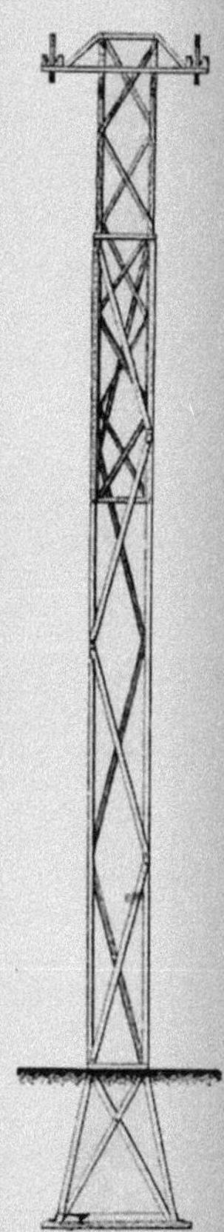

Abb. 32.
Eiserne
Stütze.

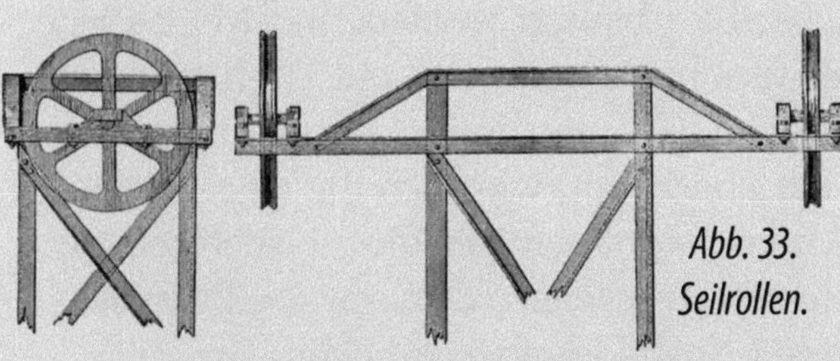

Abb. 33.
Seilrollen.

inländischen Bergwerks-Gesellschaften und wäre es zu wünschen, dass recht bald ein praktischer Vorgang geschaffen würde, dem ohne Zweifel viele andere Zechen und auch hüttenmännische Etablissements folgen würden. ❐

Mit dieser Veröffentlichung war aber das Zeichen zum Beginn des Prioritätsstreites um die Erfindung der Drahtseilbahnen gegeben, eines Prioritätsstreites, der sich fast bis auf die heutige Zeit fortgesetzt hat. Kurz nach dieser Veröffentlichung erschien eine Erwiderung Dückers in *DER BERGGEIST (s. S. 88)*. Diese Erwiderung enthält gleichzeitig einen ganz interessanten Kostenanschlag, sowie auch eine ausführliche Beschreibung der bis dahin von Dücker nur sehr oberflächlich skizzierten Seileisenbahnen, gleichzeitig enthält sie aber einige grundlegende Irrtümer, die sich noch durch die ganze Literatur der 1870er Jahre über Drahtseilbahnen hindurchziehen und in der Folgezeit viel Verwirrung angerichtet haben.

Hodgson sagt in den Veröffentlichungen seines Systems in Der Berggeist, das System umfasse zwei verschiedene Ausführungsmethoden, die erste, wo ein Paar durch Böcke unterstützte Leitseile angewandt werden, die als Schiene dienen, und wo die aufeinanderfolgenden Gefäße von einem endlosen Triebseil fortbewegt werden, die zweite aber, wo ein endloses Seil gleichzeitig als Leit- und Triebseil dient usw. Er beschreibt aber dann nur eine Ausführung seines zweiten Systems, hat überhaupt, wie auch die Folgezeit bewiesen hat, von Anfang wohl weniger die Absicht gehabt, dem System mit festen Tragseilen, dem Zweiseilbahnsystem, zu einer weiteren Ausbildung zu verhelfen.

Er war eben überzeugt davon, dass die Einseilbahn mit endlosem bewegten Tragseil die Bahn der Zukunft sei, im Gegensatz zu Dücker, der nie auf den Gedanken gekommen war, den Hodgson tatsächlich zur Ausführung gebracht hat. Hodgson hatte sich mit seiner Ansicht geirrt – nicht der Einseilbahn, der Zweiseilbahn wandte sich die Industrie zu, nur seine engeren Landsleute bevorzugten die ersten Jahrzehnte hindurch das nach Hodgson auch genannte englische System. Wenige Fabriken in Frankreich wandten es auch an, es blieb aber immer im Verhältnis zur Zweiseilbahn, die sich die ganze Welt erobert hat, ein weniger leistungsfähiges System einer Drahtseilbahn.

Es darf jedoch auch nicht übersehen werden, dass Hodgson in seiner Patentschrift das Zweiseilbahnsystem ebenfalls vollständig beschreibt und behandelt, wenn auch nicht in der Ausführlichkeit, wie die Einseilbahn. Er gibt aber zum ersten Male im Gegensatz zu Dücker eine Bauart an, die auf der Zweiseilbahn laufenden Wagen unmittelbar mit dem Zugseil in Verbindung zu bringen, sie also nur durch das Zugseil bewegen zu lassen, worüber Dücker bis dahin noch keine Angaben gemacht hatte. Dagegen enthält seine Patentschrift noch keinerlei Hinweis auf den Ausgleich der Längendifferenzen der Seile, keinen Hinweis auf das Anschlagen und Abkuppeln der Wagen an das Zugseil während der Fahrt. Auch über die Art der Beladung und Entladung seiner Wagen lässt sich aus seinen Zeichnungen und aus seinen Beschreibungen nichts entnehmen. Er legte vielmehr sein Hauptaugenmerk darauf, die Unterstützungsstellen der Seile bequem durch die Wagen passieren zu lassen. Es scheint überhaupt, als hätten die Erfinder damaliger Zeit diese verhältnismäßig nebensächliche und leicht lösbare Konstruktion fast als Hauptpunkt der ganzen Erfindung angesehen, während doch in Wirklichkeit die einseitige Aufhängung des Wagens und anderseitige Auflage des Seiles zu irgendwelchen Schwierigkeiten keinerlei Veranlassung gab, die Lösung einer solchen Aufgabe heutzutage lediglich als konstruktive Maßnahme, die jedem Techniker geläufig sein muss, angesehen werden würde.

Die Hauptbedeutung von Hodgsons Erfindung liegt darin, dass er zum ersten Mal auch für die Zweiseilbahn mit festem Tragseil einen kontinuierlichen Betrieb sich derart

Die Seileisenbahn

Aus *Der Berggeist* vom 18.6.1869 *(s. S. 81)* und aus einigen anderen Zeitungen habe ich kürzlich ersehen, dass es dem englischen Ingenieur Hodgson gelungen ist, die Brauchbarkeit der Seileisenbahn darzutun, indem er zu Leicester in England eine solche Bahn von 4800 m Länge gebaut hat und dieselbe mit Erfolg für den Transport von Steinen anwendet, auch angeblich bereits in mehreren anderen Ländern ähnliche Anlagen einleitet. Hierdurch ermutigt bringe ich mein System einer solchen Bahn in Erinnerung, welche ich im Jahr 1861 erfunden und zu Bad Oeynhausen, sowie zu Bochum in Westfalen versuchsweise ausgeführt und seitdem an den verschiedensten Stellen in Deutschland, England, in der Schweiz usw. unter Vorlegung von Zeichnungen und Beschreibungen in Vorschlag gebracht habe.

Meine Seileisenbahn stimmt, abgesehen von den nebensächlichen Konstruktionen und Kraftanwendungen, genau überein, mit der von Hogdson eingeführten. Dieselbe besteht im Wesentlichen aus einem straff aufgespannten Drahtseil oder Eisendraht von 2 – 5 cm Stärke, welches oder welcher in Abständen von 50 – 100 m derart seitlich unterstützt ist, dass einseitige Rollwagen darüber hinweg resp. an den Unterstützungen entlang fahren können.

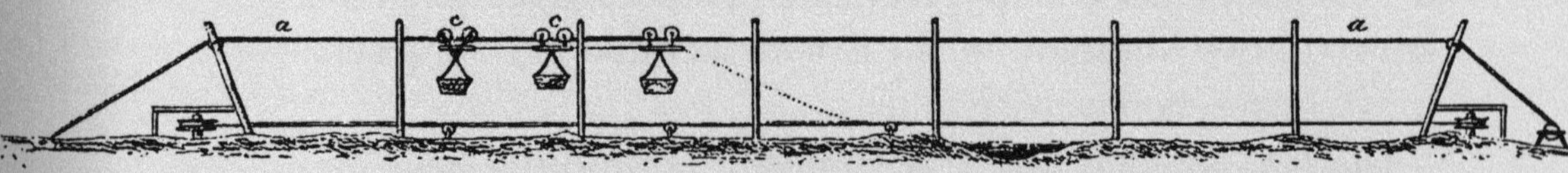

Abb. 34. Generalansicht einer in flacher Gegend über Gräben und kleine Flüsse hergestellten Seileisenbahn.

Die Skizze *Abb. 34* gibt eine Generalansicht einer in flacher Gegend über Gräben und kleine Flüsse hergestellten Seileisenbahn, deren Einrichtung für zwei Gleise aus dem Querschnitt *Abb. 35* ersichtlich wird.

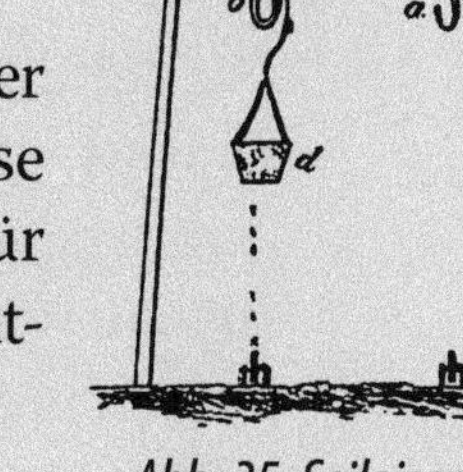

Abb. 35. Seileisenbahn für zwei Gleise.

Ein Gleis besteht aus einem Eisendraht *aa* von 3 cm Stärke, welcher in Holzgerüsten auf der kannelierten Spitze eiserner Haken *bb* getragen wird und welcher an einer Seite durch eine starke Erdwinde mit der Kraft von 20 – 30 t Gewicht angespannt ist.

Auf dem Draht laufen äußerst leichte, zierliche Seilwagen *(Abb. 34 cc und Abb. 36)*. Die kannelierten Räder derselben laufen auf dem Draht und sind durch ihre Achse mit einer Eisen-Konstruktion seitlich in der Weise verbunden, dass der Schwerpunkt des Ganzen unten liegt und dass die Fahrt über die Stützpunkte hinweg unbehindert vonstattengeht.

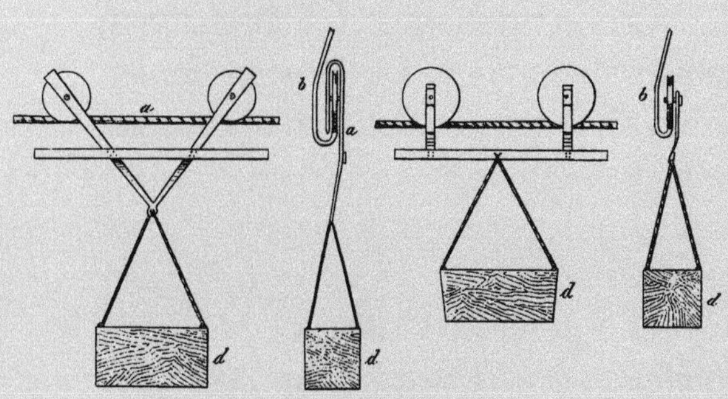

Abb. 36. Seilwagen.

Die zu bewegenden Lasten *dd* hängen unter den Seilwagen; deren Gewicht kann 500 – 1000 kg betragen, doch ist es möglichst zu verteilen. Es können mehrere Seilwagen zu einem Zug vereinigt werden, doch ist es erforderlich, dieselben durch zwischengehängte Stangen in gewissen Entfernungen von einander zu halten. Die Bewegung geschieht im vorliegenden Fall *(Abb. 34)* durch ein Zugseil ohne Ende von etwa 15 mm Stärke, welches auf beiden Seiten um Trommeln gelegt ist, deren eine durch eine Maschine gedreht wird, wenn nicht etwa bei einer Neigung der Bahn

die gefüllten Lastwagen die leeren hinauf ziehen können.
Es lässt sich auch jede andere bewegende Kraft anwenden;
Zugtiere können auf dem Boden gehen und die Seilwagen
ziehen; selbst eine sehr leicht konstruierte Lokomotive kann
unter einem solchen Wagen hängend mit den Rädern desselben in Verbindung gebracht werden.

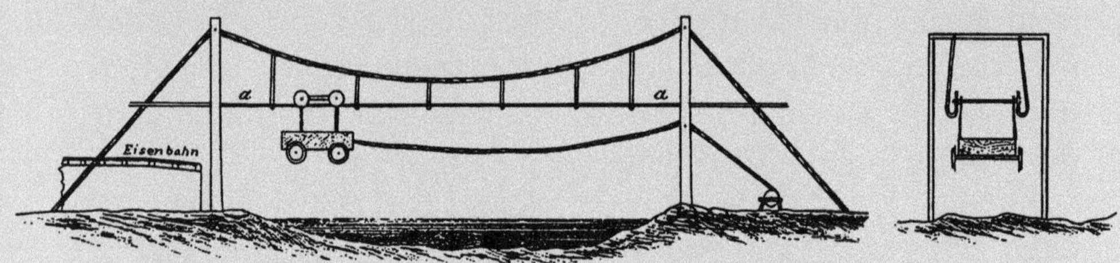

Abb. 37. Fluss-Trajekt.

Eine Seileisenbahn der vorbeschriebenen Art lässt sich in
wenigen Wochen meilenweit herstellen. Die Kosten derselben pro Kilometer werden sich in Norddeutschland ungefähr stellen, wie folgt:

2 Eisendrähte von 31 mm Stärke, 12,5 t . . . . . .   *875 Taler*
2 Eisendrahtseile von 16 mm Stärke, 0,8 t . . . .   *144 Taler*
20 Gerüste mit eisernen Haken à 10 Taler . . . .   *200 Taler*
1 Erdwinde, 2 Trommeln, 10 Rollen . . . .   *500 Taler*
10 Seilwagen à 10 Taler . . . .   *100 Taler*
Aufstellung . . . .   *100 Taler*
zusammen . . . . *1919 Taler*

Der Grunderwerb einer Fläche von 2 – 3½ m Breite ist natürlich besonders zu berechnen und wo nicht die Neigung
der Bahn zur Bewegung ausreicht, da ist die Beschaffung
eines Motors mit in Betracht zu ziehen.

Auf einer solchen Bahn lässt sich die Förderung einer
großen Steinkohlengrube (500 – 750 t pro Tag) kilometer-

weit mit geringeren Transportkosten, wie auf irgendeiner anderen Bahn, befördern.

Außer dieser gewöhnlichen Ausführung, welche für Bergwerke, Steinbrüche, Ziegeleien, Torfstiche, Abfuhren sumpfiger Wiesen usw. sehr häufig nützliche Anwendung finden kann, sind auch noch manche anderweitige Zwecke durch ähnliche Konstruktion zu erreichen. In Verbindung mit einem Kettenbrückensystem und bei Anwendung zweier Eisendrähte, resp. Rundeisen von 4–5 cm Stärke, wie dies die *Abb. 37* zeigt, lassen sich äußerst billige Trajekte über große Flüsse für große Eisenbahnwagen aufspannen. Die Ersteigung der steilsten Berge und Felswände lässt sich, wie *Abb. 38* andeutet, durch eine Seilbahn aus einem, oder zwei sehr soliden Drahtseilen und unter Anwendung eines geeigneten Motors bei f zu gleicher Leichtigkeit und Regelmäßigkeit bringen, wie solche in den Steinkohlenschächten von 500–800 m Tiefe stattfindet, aus welchen jetzt täglich Tausende von Menschen heraufgewunden werden.

In einem zierlichen Glascoupe können 6–8 Menschen binnen 5 Minuten auf den Rigi befördert werden, und wenn schon heute Fürsten und Prinzen zuweilen in Bergwerken ihr Leben der sicheren Kraft guter Drahtseile anvertrauen, so wird auch das große Publikum nach wenigen Vorgängen die Scheu vor einem luftigen, aber mit 10facher Sicherheit konstruierten Apparate verlieren.

Abb. 38. Gebirgsbahn.

Im Allgemeinen kann ich über die Seileisenbahn noch das Folgende bemerken:

1. Das Neue derselben besteht nur in der Überwindung der Stützpunkte und in der dadurch gegebenen Möglichkeit, beliebige Längen zu überspannen.
2. An Billigkeit und Leichtigkeit der Herstellung übertrifft die Seilbahn wegen der Vermeidung aller Planierungsarbeiten jede andere Bahn bei Weiten.
3. Die tote Last der Wagen und Gefäße lässt sich auf 15 – 20 % der zu bewegenden Masse reduzieren, während dieselbe bei anderen Bahnen 50 – 100 % beträgt.
4. Die hinderliche Reibung wird auf das mögliche Minimum gebracht.
5. Die Geschwindigkeit der Bewegung kann bis außerordentlicher Größe gesteigert werden.
6. Die Schwierigkeiten regelmäßigen Betriebes, welche bei kleinen, unvollkommenen Versuchen stets hervortreten, lassen sich bei soliden Ausführungen mit etwas Umsicht und Geduld bald überwinden und die Anstrengung wird durch überraschende Resultate belohnt werden.

Mein Wunsch besteht darin, dass nunmehr, nachdem englischer Unternehmungsgeist die praktische Ausführbarkeit erwiesen hat, auch meine Landsleute von diesem Eisenbahnsystem Gebrauch machen möchten. Bei geeigneten Mitteilungen über betreffende Ortsverhältnisse und Zwecke werde ich gerne bereit sein, bezügliche Vorarbeiten zu unterstützen.

Neurode in Niederschlesien, 5. Juli 1869.
Baron F. F. von Dücker,
Königl. Preuß. Bergassessor.

dachte, dass die beladenen Wagen auf dem Volltragseil nach der einen Richtung, die leeren Wagen auf dem parallel zu ihm gespannten Leertragseil nach der anderen Richtung zu laufen hatten, und dass beide Wagengruppen von einem endlosen besonderen Zugseil, nicht in Zügen miteinander vereinigt, sondern als Einzelwagen in bestimmten Abständen voneinander bewegt würden. Den wichtigsten Teil der konstruktiven Ausbildung der Zweiseilbahnen, die Stationen, übergeht er aber mit Stillschweigen.

Ebenso gibt Hodgson interessanterweise für beide Systeme auch schon eine selbstständige Kurvenumfahrung andeutungsweise an. Zum näheren Verständnis der Ideen Hodgsons möge seine eigene Erklärung der Patentzeichnung aus der Patentschrift hier Platz finden:

Die beiden Systeme werden durch Bezugnahme auf die beigefügten Zeichnungen *(Abb. 39)* besser verständlich, in denen die *Fig. 1–3* das erste System in Aufriss, Schnitt und Grundriss zeigen; die *Fig. 4 u. 5* zeigen einen Wagen oder ein Schiff zum Transport von Lasten, der in diesem System verwendet werden soll. Die *Fig. 6–8* stellen das zweite System in Aufriss, Schnitt und Grundriss dar; die *Fig. 9 u. 10* zeigen die Kisten oder Schiffe, die in Verbindung damit verwendet werden sollen.

Die *Fig. 11–13* zeigen Methoden zur Herstellung der Befestigung an dem Lauf- oder Antriebsseil im ersten System. In den *Fig. 14 u. 15* sind die Befestigungen für das zweite System zu sehen, die innerhalb der Flansche der Rollen verlaufen, und in den *Fig. 16 u. 17* sind die Methode zum Verlaufen außerhalb der Flansche und die Methoden zum festen Festhalten des Seils zu sehen, wie in den *Fig. 18–21* dargestellt. Die Metallabdeckung oder -kappe ist in *Fig. 22* und die aufgehängte Schiene in den *Fig. 23 u. 24* dargestellt. Die Metho-

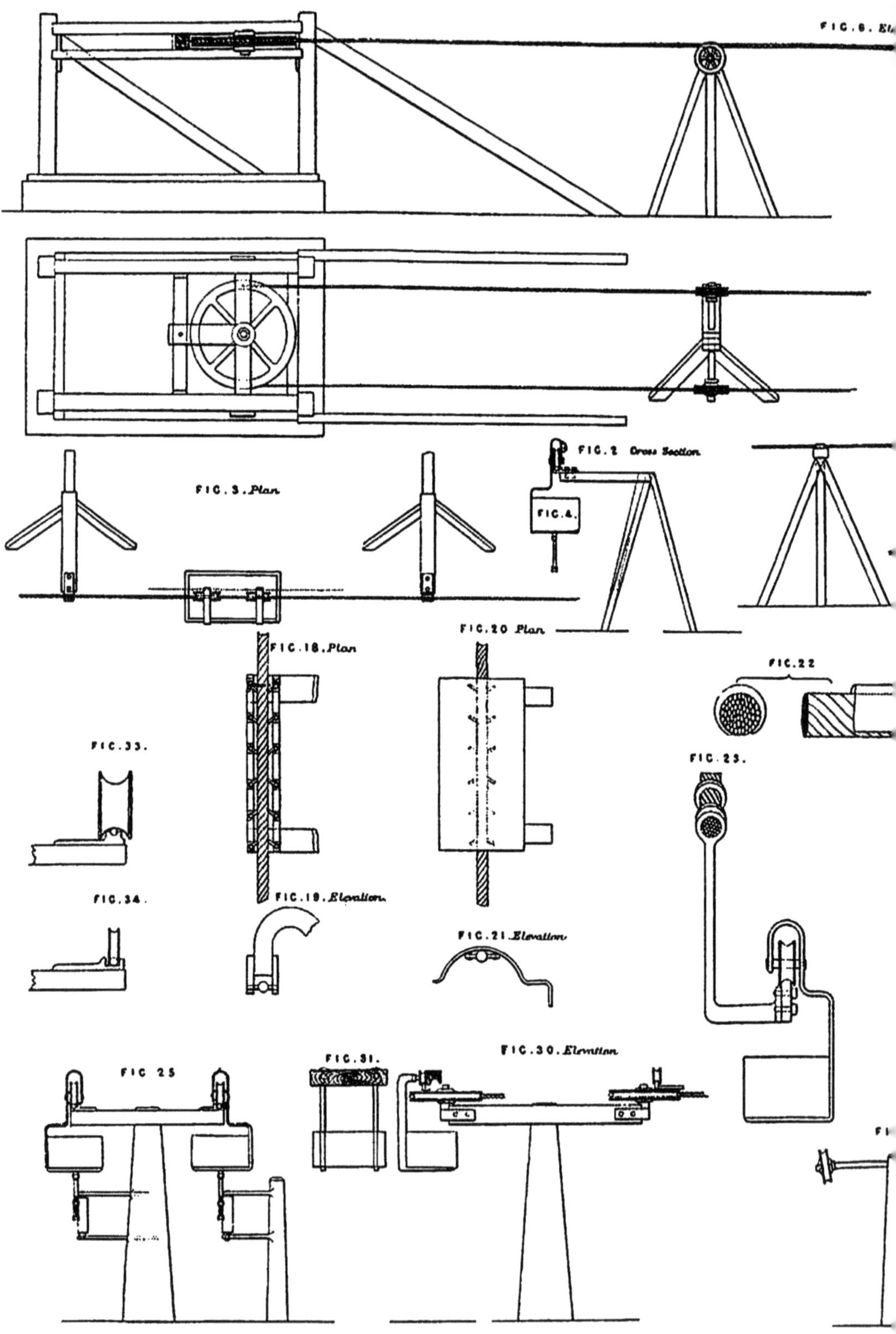

FIG.6. El
FIG.3. Plan
FIG.2 Cross Section
FIG.4
FIG.18. Plan
FIG.20 Plan
FIG.22
FIG.23
FIG.33.
FIG.34.
FIG.19. Elevation
FIG.21. Elevation
FIG.30. Elevation
FIG.31.
FIG 25

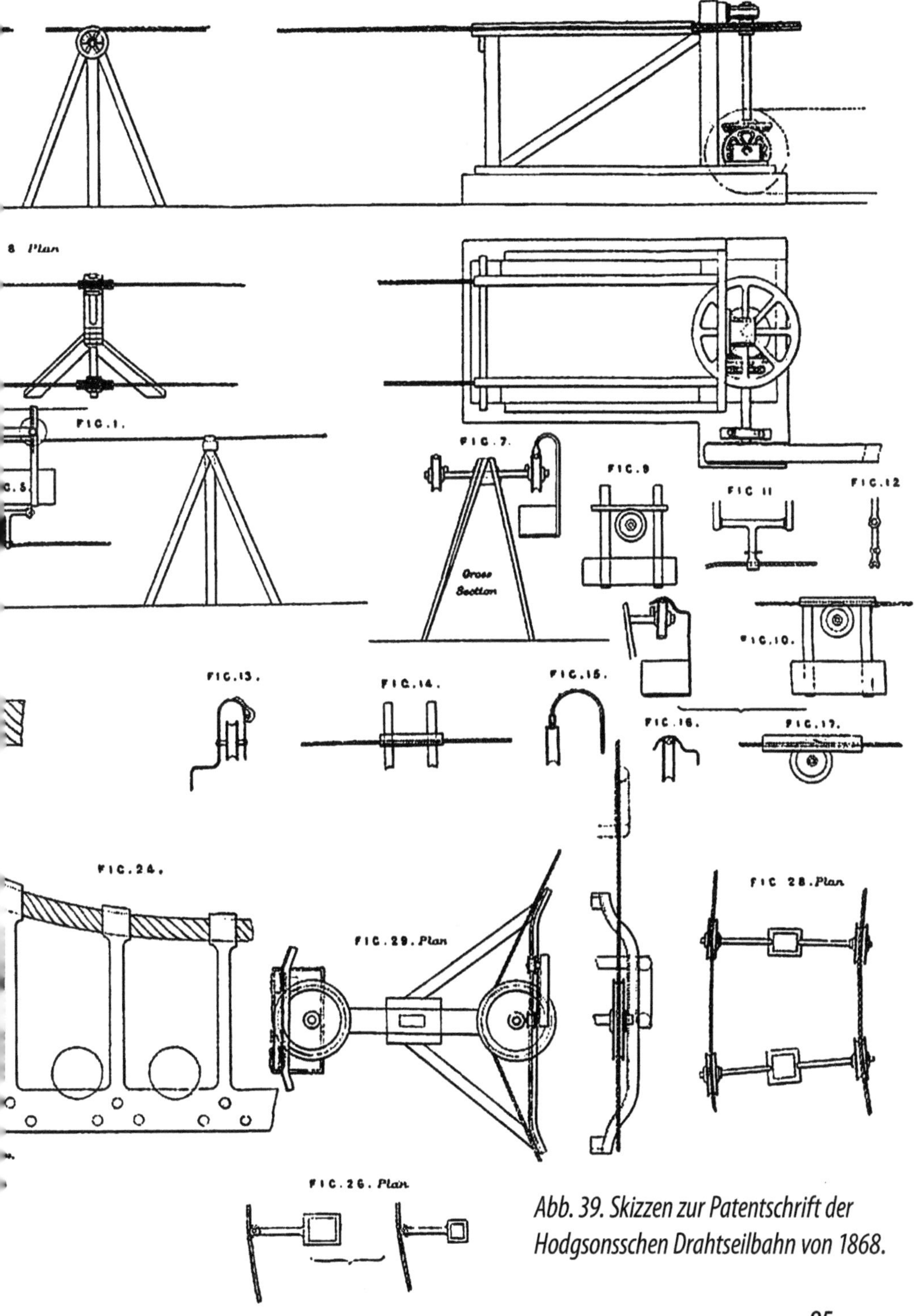

Abb. 39. Skizzen zur Patentschrift der Hodgsonsschen Drahtseilbahn von 1868.

de zum Umfahren von Kurven im ersten System ist in den *Fig. 25 u. 26* dargestellt und die des zweiten Systems in den *Fig. 27 u. 32*. Die *Fig. 33 u. 34* beziehen sich auf die Methoden, die es den Rädern der Wagen ermöglichen, die Punkte zu passieren, an denen die stehenden Seile im ersten System an den überhängenden Halterungen befestigt sind.

Ich beschränke mich nicht auf eine spezielle Methode, das Laufseil im ersten System an den Wagen oder Schiffen zu befestigen, sondern verwende lieber die in den *Fig. 11 – 13* gezeigten Vorrichtungen. Im zweiten System verwende ich, wie bereits erwähnt, zwei Arten von Haken zur Befestigung am Seil, von denen einer innerhalb und der andere außerhalb der Flansche der Seilscheiben verläuft, die das Seil tragen. Diese beiden Formen sind in den *Fig. 14 – 17* dargestellt, und die *Fig. 18 – 21* veranschaulichen Methoden, diese Haken fest am Seil zu befestigen, wenn sehr steile Hänge bewältigt werden müssen und die Lasten sonst zurückrutschen würden. Unter bestimmten Umständen bedecke oder bedecke ich das Seil bei der ersten Methode mit einer Metallbeschichtung, wie in *Fig. 22* gezeigt, oder hänge eine Schiene an das Seil, auf der die Räder laufen, wie in den *Fig. 23 u. 24* gezeigt. Bei beiden Systemen ist es zweckmäßig, die Lasten in Abständen auf das Seil zu legen, die etwa ein Vielfaches der Hälfte des durchschnittlichen Abstands zwischen den Pfosten oder Stützpunkten betragen, so dass sich auf der gesamten Strecke immer eine Hälfte der Wagen auf der aufsteigenden Seite der Oberleitung befindet, über die sie fahren, und die andere Hälfte auf der absteigenden Seite. Um die Last so gleichmäßig zu verteilen, verwende ich eine beliebige geeignete automatische Auslösevorrichtung, die es den Wagen nach einer bestimmten Anzahl von Umdrehungen der Antriebstrommel ermöglicht, in regelmäßiger Folge auf das Seil zu fahren. Um das Passieren von

Kurven auf dem ersten oder stehenden Seilsystem zu erleichtern, arrangiere ich, dass die Kupplungen zum Auffangen des Antriebsseils oder der Kette unterhalb des Körpers der Wagen, Schiffe oder Behälter liegen und so konstruiert sind, dass sie leicht um eine Rolle herumpassen, die notwendigerweise an jedem Kurvenpunkt angebracht werden muss, um das Antriebsseil abzulenken. Die allgemeine Gestaltung dieses Details ist in den *Fig. 25 u. 26* dargestellt. Beim Passieren von leichten Kurven auf dem zweiten oder beweglichen Seilsystem neige ich lediglich die Rollen in der üblichen Weise, wie es bei der Verwendung von Drahtseilen zu Transportzwecken üblich ist. Wenn jedoch an einem Punkt eine beträchtliche Kurve gefahren werden muss, verwende ich zu diesem Zweck die in den *Fig. 29 – 32* dargestellte Anordnung, die gleichermaßen anwendbar ist, um es den Kisten oder Schiffen zu ermöglichen, um die Endscheiben der Leitung herumzupassen. Um diese Methode des Passierens von Kurven zu erleichtern und auch allgemein das Bewegen der Kisten oder Schiffe zu erleichtern, wenn sie sich nicht auf dem laufenden Seil befinden, versehen ich sie mit kleinen Rädern, die am Rahmen befestigt sind. In Fällen, in denen breite Wasserflächen überquert werden müssen, bei denen der Bau von Piers unpraktisch wäre, verwende ich Schiffe, Pontons, Ruderboote oder Schwimmkörper, um die für beide Systeme erforderlichen Pfosten zu tragen. Die in meinem System verwendeten Pfosten oder Rahmen können auch zum Tragen oder Stützen gewöhnlicher Telegrafendrähte verwendet werden, aber ich erhebe keinen Anspruch auf Erfindungen in diesem Bereich.

Vergleicht man hiermit nun die Erwiderung Dückers, in der ausgeführt wurde, dass die im Jahr 1861 hergestellte Dückersche Versuchsbahn ›im Prinzip‹ mit den unter Nr. 1

beschriebenen System der Hodgsonschen Bahn überein-
stimmt, so kann man sich des Eindruckes nicht erwehren,
dass Dücker die Oeynhausener Ausführung in ihrer Bedeutung als rein konstruktive Lösung doch sehr überschätzt.
Es ist doch sicher, dass die Oeynhausener sowohl, wie auch
die Bochumer Bahn keine kraftbetriebenen Bahnen, sondern handbetriebene Hängebahnen waren, dass aber die
in der Erklärung Dückers angeführten Einzelkonstruktio-
nen hätten Verwendung finden können, dass sie aber auch
doch weiter nichts geblieben sind, wie Projekte, die bis dahin noch nicht ausgeführt worden waren und die für die
Zukunft auch, wenigstens nach den Ideen Dückers nicht
zur Ausführung kommen sollten. Es mutet eigentümlich
an, wenn man sich z. B. das Flusstrajekt betrachtet, das, offenbar in vollständiger Unkenntnis der bei solchen Anlagen
auftretenden Kräfte skizziert, kaum anders angesehen werden kann, als eine vom ingenieurtechnischen Standpunkt
aus doch nur laienhafte Leistung. Die von Dücker in *Fig. 17*

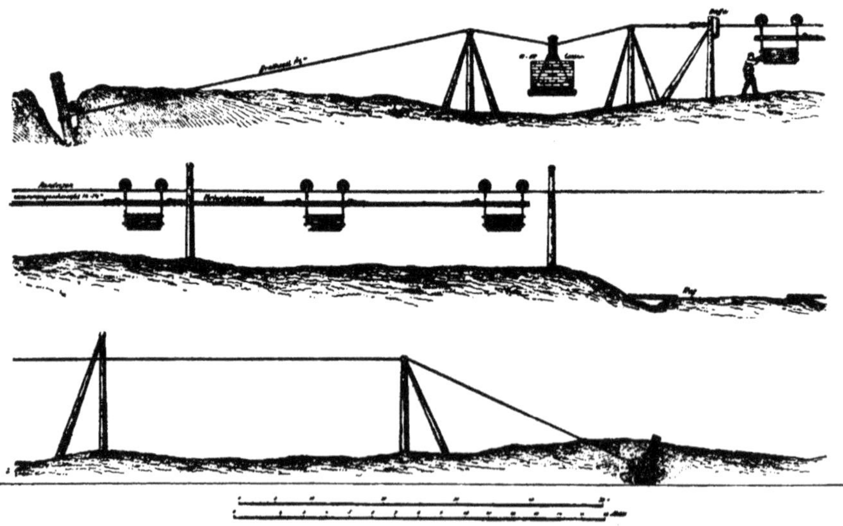

Abb. 40. Dückersche Seilbahn, ohne Zugseil, Handbetrieb.

(Abb. 39) erwähnte Gebirgsbahn ist ein bekannter Seilaufzug und hat mit der Drahtseilbahn nur so viel zu tun, dass als Laufbahnen Drahtseile verwendet werden, und dass das Tragseil an mehreren Punkten unterstützt ist, während die Hauptansicht der Bahn, *Fig. 9 u. 10 (Abb. 39)* mit dem auf dem Boden liegenden Zugseil und der Vereinigung der Wagen zu Zügen einen praktisch einfach unausführbaren Vorschlag darstellt, einen Vorschlag, der es erklärlich macht, dass diejenigen Persönlichkeiten, denen ihn Dücker in den 1860er Jahren unterbreitet hat, ihn nicht für ernst genommen haben. Dieser selbe Vorschlag mit dem Zugbetrieb wiederholt sich – dem NOTIZBLATT DES ZIEGELVEREINS, woselbst *(Abb. 40)* die Bahn sogar ohne Zugseil, für Handbetrieb, dargestellt ist. Auch die Äußerungen Dückers über den Personentransport müssen mehr einem gewissen Optimismus, als einem Vertrauen auf die Überwindung der einem solchen entgegenstehenden konstruktiven Schwierigkeiten, die Dücker stets unterschätzt, zugewiesen werden.

In ganz kurzer Zeit hatte sich die Hodgsonsche Bahn mit bewegtem Tragkabel einen ziemlich erheblichen Anwendungskreis erobert. In England selbst, in Deutschland, in Böhmen, in der Schweiz kamen mehrfach Bahnen dieser englischen Bauart zur Ausführung. Die in Brigthon 1868 gebaute, sehr weit durchgearbeitete und konstruktiv bis in alle Einzelheiten erläuterte Bahnanlage findet sich in dem 1871 herausgegebenen Buch De Transportkabel, aus dessen Hauptzeichnung sich auch gleichzeitig entnehmen lässt, dass Hodgson mittlerweile für einen Ausgleich der verschiedenen Seillängen besorgt gewesen ist, indem er einen Spannwagen einführte. Aber auch hier ist es außerordentlich merkwürdig, dass dieser Spannwagen mit Hilfe eines Flaschenzuges von Hand reguliert werden musste und keinerlei selbsttätige etwaige Gewichtsbelastung aufweist.

Ebenso ausführlich beschrieben sind die Zwischenstationen und Kurvenumführungen, wie die Konstruktion der Stützen in den verschiedenen Höhen. Auch die Wagen mit ihren drehbaren Aufhängungen sind von höchstem Interesse, wenn diese Aufhängungen auch noch nicht derart sind, dass ein selbsttätiges Kippen und Wiederaufrichten der Kästen nach dem Entladen mit ihnen ermöglicht werden konnte. Die Geschwindigkeit dieser Bahn in Brigthon soll 6 – 8 km/h betragen haben, also schon annähernd 2 m in der Sekunde.

Mit dieser Bahnausführung in Brigthon, die die volle Brauchbarkeit der Ideen Hodgsons erwies, war das System gleichzeitig zu einem gewissen Abschluss gelangt. Es hat sich bis heute in grundlegender Beziehung noch in keiner Weise geändert, sondern nur die Durchbildung der Einzelheiten hat zu. Vervollkommnungen geführt, Vervollkommnungen, die sich dem Fortschreiten der Technik im Allgemeinen naturgemäß anpassen mussten.

Jedenfalls gebührt Hodgson die große Anerkennung, dass er durch sein zielbewusstes Vorgehen einen erheblichen Anstoß zur Weiterverfolgung des Schwebebahngedankens gegeben hat. Bald nach der einen, bald nach der anderen Richtung finden wir solche Schwebebahnversuche ausgeführt, und es ist ganz interessant, zu beobachten, wie sich die einzelnen Erfinder und Konstrukteure bei dem ihnen allen doch neuen Transportmitteln über die verschiedenen Schwierigkeiten hinwegzuhelfen suchten.

Den Systemen von Hodgson, Hohenstein und Dücker eigentümlich ist ja die Verwendung einer einzigen Fahrbahn für den Wagen, an der die Last in stabilem Gleichgewicht pendelnd aufgehängt ist. Eine große Anzahl von Versuchen bewegte sich nun in der Richtung, Doppelfahrbahnen, auf denen die Fuhrwerke, ähnlich wie Wagen von Standbahnen stehend laufen, die also das von Lorini angegebene Prinzip verfolgen, zu verwenden. Ein Beispiel hierfür ist die Müllersche Seilbahn *(Abb. 41)*, die etwa 1869 konstruiert und im Jahr 1870 in der Siglschen Lokomotivfabrik in Wien Verwendung gefunden hat. Dieses, vom Erfinder ›Seiltrajekt‹ genannte Transportsystem besteht aus zwei parallel laufenden Seilen ohne Ende, die an den Endpunkten über große Rollen laufen und in verschiedenen Entfernungen durch kleinere Rollen getragen und geführt werden. Jedes endlose Seil liegt in einer vertikalen Ebene, so dass die beiden nebeneinander herlaufenden Seile in ihren oberen Trums ein sich nach der einen Seite bewegendes Gleispaar in ihren unteren ein sich nach der anderen Seite bewegendes Gleispaar darstellen. Die Lasten wurden von gewöhn-

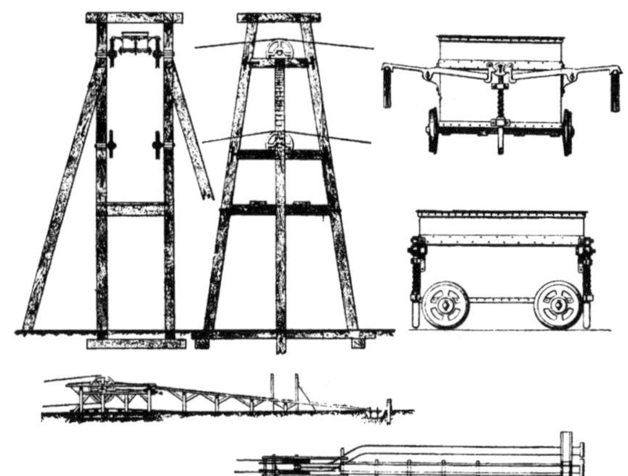

Abb. 41. Müller Seiltrajekt zwischen der Siglschen Lokomotivfabrik Wien und Währing, 1870.

lichen vierräderigen Eisenbahnwagen aufgenommen, die sich mittelst besonderer seitlicher Greifer auf die Seile auflegten. Die Anordnung der Überführung der auf dem festen Boden auf Gleisen fahrenden Wagen nach der Seilbahn ist eine außerordentlich einfache. Die Standbahngleise laufen zwischen die Endumführungen der bewegten Tragseile, so dass die Wagen von selbst beim Weiterschieben von den Gleisen auf die Seile übergehen bzw. umgekehrt, beim Verlassen der Seile sich von selbst auf die Schienen mit Hilfe von Anlauframpen aufsetzen *(Abb. 42)*. Die beigefügte Zeichnung ergibt ziemlich genau die Art der von Müller beabsichtigten Einzelausführungen. Bemerkenswert ist das, was der Erfinder über die Einzelheiten seiner Ausführung selbst angibt. So sollen, wie er meint, Wagen von fast beliebigem Gewicht gefördert werden können, was natürlich sehr stark anzuzweifeln ist, schon mit Rücksicht auf die Ausführung der Seile. Ebenso will er sein Trajekt mit 2 – 2½ m Geschwindigkeit in der Sekunde laufenlassen und die Stützen in durchschnittlichen Entfernungen von 100 m aufstellen.

Abb. 42. Hermann Müllers Seil-Trajekt.

Merkwürdigerweise kommt aber auch Müller immer noch nicht auf die selbsttätige Anspannung der Seile etwa durch (Gewichtsbelastung, sondern er bildet eine Spannvorrichtung mit Hilfe von Zugspindeln aus, wodurch natürlich eine gleichmäßige Anspannung und damit auch ein gleichmäßiges Laufen der beiden Seile ausgeschlossen wird.

Wie wenig übrigens sonst ernsthaft zu nehmende Konstrukteure sich über die einzelnen Vorgänge bei Drahtseilbahnen klarwurden, geht aus der Buchschen Privilegiums-Anmeldung aus dem Jahr 1870 hervor, die sich auf eine angebliche Verbesserung von Hodgsons Drahtseilbahnen bezog. Buch will die Fördergefäße ebenfalls statt an ein

Seil, an zwei bewegte Tragseile hängen, die ziemlich dicht nebeneinanderliegend, parallel zueinander geführt sind, in gleicher Richtung laufen. Er begründete seinen Vorschlag damit, dass bei gewöhnlichen Hodgsonschen Seilbahnen die Lasten zu sehr schwanken, und dass sie bei seinem System viel ruhiger hängen sollten. Abgesehen von der außerordentlichen Komplikation, die durch Führung und Lagerung und ebenso durch Antrieb der beiden Seile in das System hineingeführt wird, übersah der Erfinder vollständig, dass in Wirklichkeit ein etwa auftretendes heftiges Schwanken der an einem Seil aufgehängten, also doch in stabilem Gleichgewicht befindlichen Lasten lediglich auf Ausführungsfehler zurückzuführen ist, und dass es namentlich bei langen Strecken unmöglich ist, die beiden Seile stets mit derart gleicher Spannung und gleicher Geschwindigkeit zu führen, dass nicht durch die Verschiedenheit zwischen beiden ein noch viel heftigeres Schwanken und ein fast mit Sicherheit zu erwartendes Entgleisen der Wagen eintritt.

Zur gleichen Gruppe der mehrseiligen Bahnen ist auch zu rechnen z. B. die in der Nähe des Rheinfalls bei Schaffhausen wahrscheinlich 1867–69 erbaute Bahn, die in der Literatur vielfach als Überschreitung des Rheinfalls genannt wurde. Die fragliche Drahtseilbahn überspannte zwar nicht den Rheinfall, sondern sie vermittelte nur den Verkehr des Dienstpersonals zwischen dem alten linksrheinischen schwer zugänglichen Moserschen Turbinenhaus und dem rechten Schaffhausener Ufer, zu einer Zeit, als die bekannte Mosersche Seiltransmission noch im Betrieb war. Diese etwa 100 m lange Seilbahn wurde Ende der 1870er Jahre durch den heute noch benutzten eisernen Fußsteg ersetzt. Wer der Erbauer der Bahn war, ob Rieter in Töß oder Escher-Wyß, konnte nicht mehr ermittelt werden, ebenso wenig wie Zeichnungen hierüber noch vorhanden zu sein scheinen. Der für höchstens zwei Mann berechnete, äußerst primitive eiserne Fahrkästen, etwa von der Form beigeschlossener Skizze *(Abb. 43)*, wurde durch zwei auf den beidseitigen Uferpfeilern montierte Handkurbelgetriebe mittelst umlaufendem Zugseil zwischen 4 Trag- resp. Hängseilen aus Stahldraht hin und her gezogen, langsam genug, häufig, besonders im Winter, mit einer unfreiwilligen Ruhepause über der Rheinmitte.

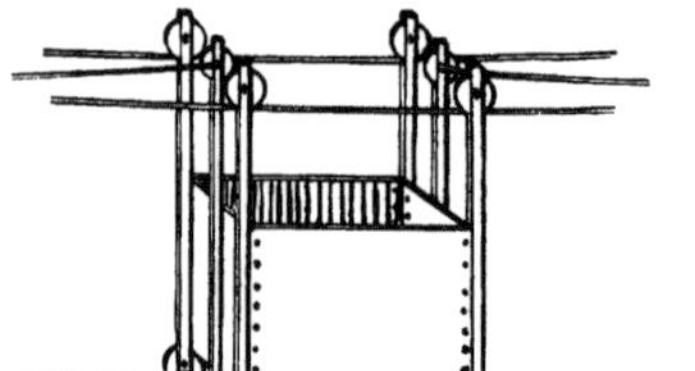

Abb. 43. Schematische Darstellung des Seiltrajekts bei Schaffhausen mit vier Tragseilen und endlosem Zugseil (von 1867 – 1869).

Die aus der System-Erfindung Hodgsons entspringenden weiteren Erfindungen, die nun in sehr rascher Folge einsetzten, konnten an der Gesamtheit des Systems natürlich nichts mehr ändern, sie bezogen sich mehr auf Vervollkommnung der Einzelheiten, auf eine bessere Durchbildung der einzelnen konstruktiven Teile und ihre Anpassung an die im Betrieb gemachten Erfahrungen. So schlug Hallidie schon 1871 ein dem Hodgsonschen ähnliches System vor, das statt der lösbaren, fest mit dem Seil verbundene Wagenkästen oder Arme zur Aufnahme von Lasten besitzt.

Das von Hodgson in Bardon Hill zum ersten Mal im Betrieb vorgeführte Seilbahnsystem der Einseilbahnen muss demnach, trotzdem schon in der alten Danziger Anlage ein Vorgänger von ihm da war, doch als eine vollkommene Erfindung angesehen werden, und zwar als eine Erfindung in unserem heutigen Sinne. Es ist also nur gerechtfertigt, wenn noch bis heute jedes Einseilbahnsystem, das auf den von Hodgson angegebenen Grundsätzen beruht, unabhängig davon, ob in seinen Einzelheiten Weiterbildungen und Verbesserungen stattgefunden haben, die an seiner Grundlage und an seinem Wesen aber nichts ändern konnten, als System Hodgson bezeichnet wird.

Neue Zweiseilsysteme

Die Einführung dieses Hodgsonschen Einseilbahnsystems in die Technik gab aber das Zeichen zum Beginn einer regen Erfindertätigkeit auch auf dem Gebiet des Zweiseilsystems. Man hatte durch die englischen Erfolge wohl erkannt, welcher technische und wirtschaftliche Wert dem Lufttransport innewohnt, mochte sich auch wohl sofort davon überzeugt haben, dass die eigentliche Zukunft der schwebenden Lastbewegung nicht darin zu suchen ist, dass die Lasten auf einer beweglichen Schiene gefördert werden, sondern dass sie nur darin bestehen konnte, feste Wege durch die Luft zu schaffen, an denen sie mit Hilfe besonderer Bewegungseinrichtungen entlang laufen konnten.

Die in Tirol und in der Schweiz gegebenen Anregungen, die aus den ersten, vorher beschriebenen Seilriesen zu entnehmen waren, führten dort bald zu einer selbstständigen Weiterentwicklung dieses Systems. Nachdem Hohenstein mit seinen primitiven Seilriesen so bedeutende technische Erfolge erzielt hat, wenn ihm auch die entsprechenden finanziellen Erfolge versagt blieben, griff ein Industrieller im Kanton Bern – Ch. König in Beitenwyl – den Hohensteinschen Gedanken auf und verbesserte ihn wesentlich durch Hinzufügung einiger neuer Erfindungen. Im Jahr 1869 wurde am Trubbach bei Trubschachen von König eine Seilriese von 950 m Länge bei einem Drahtseildurchmesser von 25 mm errichtet, bei der die von Hohenstein angegebene Spannvorrichtung mit Hilfe einer horizontalen Walze und Sperrrad ebenfalls zur Anwendung kam.

Die anscheinende Unmöglichkeit des Transportes ganzer Stämme von 1000 kg und mehr Gewicht hatte nämlich bis dahin ihren Grund in der richtigen Voraussetzung, dass ohne Regulierung der Schnelligkeit, bei der Wucht, mit welcher eine solche Masse zu Tal fahren würde, entweder dieselbe über die Bahn hinausschleudert oder aber, unten angekommen, sich selbst und alles im Wege Stehende zerschmettern würde. Um nun den Gang des Gleitens in die Tiefe zu regulieren, brachte König bei der oberen Station eine senkrechte, zwischen Stützen sich drehende Walze an. Über diese läuft ein leichtes Drahtseil, dessen eine Ende an dem zu transportierenden Gegenstand befestigt ist, während am anderen Ende durch die überschüssige Kraft des hinabgleitenden Holzes die leeren Rollen wieder heraufbefördert werden. Da jedoch dies nicht am gleichen Seile geschehen konnte, an dem die Last hinuntergelassen wurde, so spannte man ein zweites Drahtseil, welches aber der geringen Last wegen, welche dasselbe zu tragen hatte, bedeutend dünner und daher auch wohlfeiler sein konnte. An der oben erwähnten Walze (Friktionswalze), um welche die sogenannte Luftschnur geschlungen war, wurden überdies zwei Windflügel angebracht, die durch ihre Schwere anfänglich vertikal stehen, sich aber bei der Drehung öffnen und durch den vergrößerten Luftwiderstand eine langsamere Drehung der Walze und ein langsameres Gleiten der Luftschnur erzielen. Durch einen Hebel konnte ferner die Walze vollständig gebremst und auf diese Weise die Last jeden Augenblick angehalten werden. Die zweite Verbesserung, welche hier zur Anwendung kam, bestand darin, dass die eigene Schwere des Drahtseiles, da, wo es zweckmäßig erschien, durch eine angebrachte Unterstützung getragen wurde. Zu dem Behuf wurde an der betreffenden Stelle mittelst dreier Baumstämme eine Pyramide gebildet, die an einem horizontalen Querbalken eine frei stehende, solid befestigte Rolle trug, auf welche das Seil gelegt wurde.

Auf diese Weise allein war es möglich, das Drahtseil, das bei seinem bedeutenden eigenen Gewicht sich bei großen Spannweiten kaum selbst zu tragen vermag, auf beliebig lange Distanzen und selbst zum Transport schwerer Nutz- und Bauhölzer anzuwenden.

Was den Transport selbst betrifft, so genügt selbstverständlich für starke Stämme eine einzelne Rolle nicht mehr. Es wurden deren zwei angewendet, welche durch ein bewegliches Querstück verbunden waren, damit sie sich nur in gerader Richtung am Seil fortbewegen konnten und seitliche Schwankungen dabei vermieden würden. Mittelst Ketten wurden die zu transportierenden Holzstücke an derartigen Wagen befestigt *(Abb. 44)*.

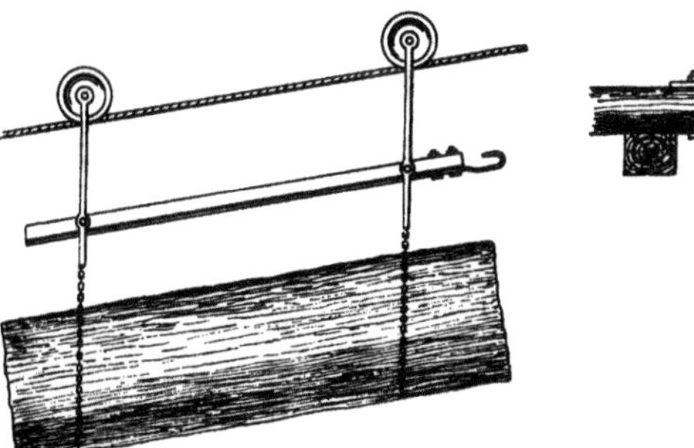

Abb. 44. Holztransportgehänge der Königschen Seilriesen, 1869.

Ungefähr zu gleicher Zeit wurde laut einem Aufsatz im Mai-Heft 1870 der Zeitschrift Revue des eaux et forêts auf ähnliche Weise ein Drahtseil zum Transport von Brenn- und Bauholz in Savoyen benutzt, ohne dass jedoch der dortige Unternehmer von den Drahtseilriesen Königs, noch dieser von jenem, Kenntnis hatte.

Laut obigem Bericht befinden sich in der Nähe von St. Jean de Coire, Savoyen, die Waldungen von Beauvoir, welche größtenteils aus Buchenniederwald, an manchen Orten mit Weißtannen gemischt, bestehen, und deren Exploitation der schwierigen Holzabfuhr wegen große Kosten verursachte. Um das Holz hinunter nach dem an der Straße von Chambery nach Lyon gelegenen Ablageplatz Roche-Corbière zu schaffen, musste dasselbe entweder getragen oder durch die

Rinnsale hinuntergestürzt werden. Die Anlage eines Weges würde zu große Kosten verursacht haben. Man fiel deshalb auf die Idee, eine Drahtseilriese zu erstellen. Die Einrichtung ist im Grunde genommen ziemlich dieselbe, wie bei den schon betrachteten derartigen Anstalten; längs eines starken mehrmals unterstützten Drahtseiles wird das zu transportierende Holz hinuntergelassen und dessen Gang durch eine mit Bremsvorrichtung versehene Rolle, über die es läuft, reguliert. Einige Modifikationen jedoch, die hier vorkommen, machen, dass ein Auszug aus jenem oben erwähnten Bericht nicht ohne Interesse sein wird.

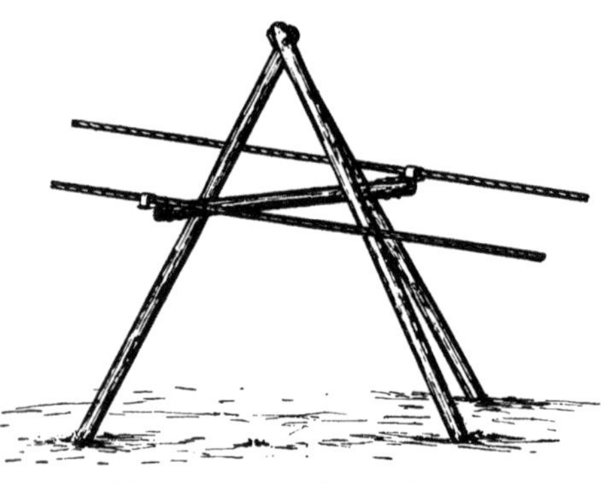

Abb. 45. Stützen der Drahtseilriesen St. Jean de Coire, 1869 – 70.

Die eigentliche Bahn, auf welcher die Rollen sich bewegen, besteht aus zwei, auf 3 m Abstand parallel laufenden Drahtseilen von je 1200 m Länge, die unter einem Winkel von 27 – 34° geneigt sind. Es dient jeweilen das eine zum Hinunterfahren des Holzes und das andere zum Herauffahren des leeren Wagens. Die Kabel haben eine Dicke von 21 mm und bestehen aus 6 Bündeln von je sieben 2,7 mm starken Drähten. Die Kabel sind an ihren oberen Enden an zwei einfachen Wellbäumen befestigt und werden an ihren unteren Enden durch andere Walzen gespannt. Damit dieselben jedoch nicht am Boden aufliegen, sind dreibeinige Böcke zur Unterstützung aufgestellt, die einen Querbalken von 3 m Länge tragen, an dessen beiden Enden die Kabelträger befestigt sind. Dieselben bestanden anfangs einfach in kupfernen Rinnen von 21 mm Breite und 10 mm Länge, wurden jedoch später durch kleine Rollen ersetzt. Derartige Stützen (Abb. 45) sind alle 70 – 80 m angebracht. Am Fuß derselben befinden sich überdies zu beiden Seiten drehbare, horizontale, hölzerne Wellen, über welche das Laufseil, das an dem beladenen, hinunterfahrenden und dem leeren heraufkommenden Wagen befestigt ist, gleitet. Zur Regulierung des Ganges ist diese Laufschnur um eine, bei der oberen Station befindliche Hemmvorrichtung gelegt. Dieselbe besteht aus einem vertikalen, 2,30 m langen Wellbaum *(Abb. 46)*, der sich um

seine Achse drehen kann, sonst aber durch Balken solid befestigt ist. An diesem sind nun übereinander zwei horizontale Räder von 3 m Durchmesser angebracht; um das eine ist das Hemmseil gelegt, während das andere mittelst einer Hemmvorrichtung, ähnlich wie man sie bei Eisenbahnwagen sieht, gebremst und dadurch die Schnelligkeit der hinunterfahrenden Last reguliert werden kann.

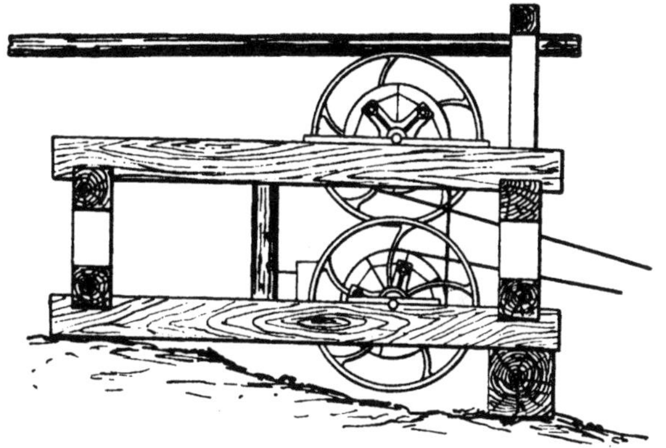

Abb. 46. Bremseinrichtung für das Zugseil der Drahtseilriesen St. Jean de Coire, 1869 – 70.

Die Wagen sind ähnlich konstruiert, wie diejenigen, die König benutzt; die Räder sind jedoch von Bronze, und zur Verbindung der beiden Rollen werden statt eines Holzstückes Ketten und Hanfseile benutzt.

Die zu transportierende Last muss, um das Hemmseil und den leeren Wagen hinaufzubefördern, wenigstens ein Gewicht von 600 kg haben, während sie dagegen auch nicht 1000 kg übersteigen darf. Die geeignetste Ladung ist 700 – 800 kg, und es können durch dieselbe leicht mit dem leeren Wagen Mundvorräte für die Arbeiter, Material zu Reparaturen usw. bis zu 100 kg Gewicht hinaufgezogen werden.

An der Beschreibung dieser beiden Anlagen interessiert ganz besonders Folgendes:

Es kann als ziemlich bestimmt angenommen werden, dass weder König, noch der Erbauer der Anlage in St. Jean de Coire von den Ideen Dückers und ihren bis dahin doch nur sehr spärlichen Veröffentlichungen Kenntnis hatten, wohl aber waren ihnen die Ausführungen von Hohenstein bekannt. Beide Erbauer gingen in der Weiterbildung der Hohensteinschen Drahtriesen selbstständig vor und kamen eigentlich ganz selbstverständlich zu einer Anordnung doppelter Laufbahnen, bei denen Hin- und Rücktransport getrennt ist. Sie kamen aber auch ebenso beide auf eine Regulierung der Geschwindigkeit, der Eine, König, durch Anwendung einer selbsttätigen Bremse in Form eines Windflügels, der Andere verwandte eine Backenbremse. Beide erkannten ferner den Wert der mittleren Auflagerung des Tragseiles bzw. der Tragseile und verwandten fast in gleicher Weise Stützen, die eine gleitende Aufnahme des Tragseiles ermöglichten, indem sie das Tragseil an den Stützenköpfen auf Rollen oder in offene Rinnen auflegten. Zu diesem Zwecke war es natürlich notwendig, dass die Last einseitig aufgehängt wurde, wie sich dies ja auch aus den Stützen ergibt, und ebenso kamen beide Konstrukteure dazu, die Last, in diesem Falle die abzuriesenden Baumstämme, nicht mehr an den Rollen, sondern an zwei entweder durch Ketten oder eine starre Stange verbundene Rollengehänge anzuhängen. Es sind dies gegenüber Vorschlägen Dückers aus dem Jahr 1861 und seinen letzten Veröffentlichungen aus dem Jahr 1869, die um dieselbe Zeit erfolgten, in denen die hier erwähnten Riesen in Betrieb genommen wurden, so wesentliche Fortschritte, dass sie geradezu als grundlegend bezeichnet werden müssen. Man darf nicht übersehen, dass Dücker seine Tragseile bis dahin nicht beweglich, sondern fest auflagerte, dass er also eines der wesentlichsten Momente, die bei dem Betrieb der Zweiseilbahnen auftreten, nämlich die Längsbewegung der Tragseile, vollständig übersehen hat. Später half er sich damit, dass er die Seile an lange **S**-förmige Haken hing, die ein gewisses Pendeln des Seiles zuließen, er verlor aber hierdurch die starre Lagerung des Seiles in der Querrichtung.

Diese letzte Konstruktion der Aufhängung der Seile an pendelnden Eisen, die das Seil fest umfassen, lässt sich sehr gut verfolgen bei der sogenannten Drahtseilbahn auf der Schwarzen Hütte bei Osterode im Harz, die wohl die älteste noch existierende Ausführung einer Schwebetransporteinrichtung mit festem Seil ist, und die im Jahr 1870 von Dücker gebaut wurde. Nur ist an dieser Ausführung das eine bedauerlich, dass sie nicht, wie häufig angenommen wird, eine wirkliche Drahtseilbahn darstellt, sondern lediglich eine Drahtriese in ihrer aller einfachsten Form *(s. S. 112)*.

Da namentlich bei uns in Deutschland diese Osteroder Bahn vielfach als der Ausgangspunkt für die gesamten neueren Zweiseilbahnen angesehen wird, so mag ein näheres Eingehen auf die Einzelheiten derselben wohl hier von Wert sein.

Abb. 47. Spannvorrichtung für das Tragseil der Seilriese Schwarzehütte, 1870.

Es lässt sich nicht verkennen, dass Dücker an dieser Bahn eine Reihe von Verbesserungen angebracht hat, so namentlich findet sich hier die erste Andeutung einer selbsttätigen Anspannung des Tragseiles, und zwar durch ein Spanngewicht, das zwischen die zwei letzten Stützen gehängt wor-

Die Seiltransportbahn zu Schwarzehütte

DEUTSCHE BAUZEITUNG • 17.8.1871

Das Gipswerk Schwarzehütte bei Osterode am Harz, der Firma Büchting & Schimmler gehörig, bezieht seine rohen Gipssteine aus in der Nähe liegenden Gipsklippen, welche von dem Werk durch das Tal der Söhse getrennt sind. Die Fuhrwerke, welche zum Transport des Rohmaterials dienten, hatten daher etwa 6 m hinab und nach Überschreitung des Flusses 5 – 6 m hinaufzusteigen. Dabei wurden die Steine aus dem höher gelegenen Teil des Bruches bis zu einem Plateau hinabgestürzt, welches dem Fahrwege nach etwa 440 – 480 m vom Gipswerke entfernt liegt.

Für diesen Transport wurde projektiert, einen sogenannten Hundslauf quer durch das Tal zu bauen. An Stelle dessen aber wurde unter Aufsicht des Erfinders Freiherrn von Dücker eine Drahtseilbahn in einfachster Form hergestellt, welche den an sie gestellten Erwartungen nicht nur entspricht, sondern sie noch übertrifft.

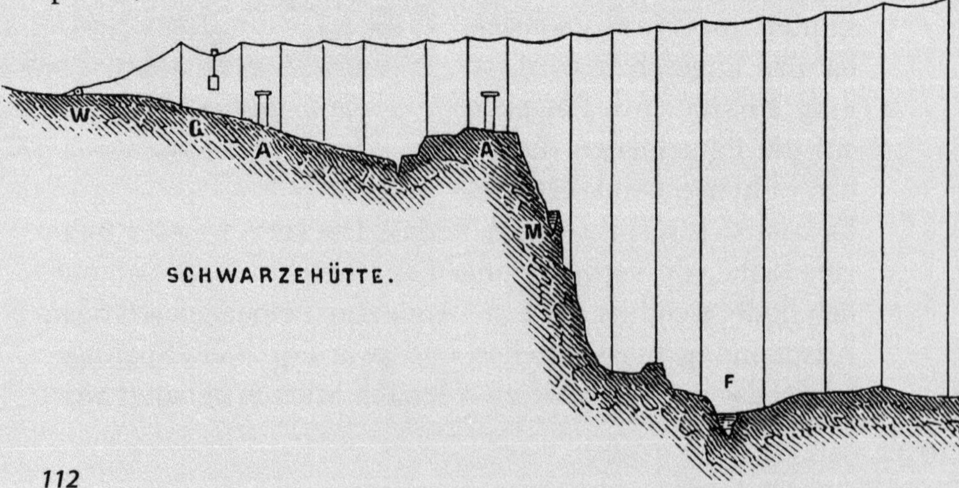

Die Bahn beginnt in den Gipsklippen an einem Punkt, welcher 6 m höher liegt, als das Terrain der ›Schwarzehütte‹. Da nun Rückfracht nicht vorhanden ist, so wurde diese Höhendifferenz benutzt, um die Transportwagen vermöge ihres eigenen Gewichtes an dem Seil entlang laufenzulassen. Die Höhen der Unterstützungen sind so bemessen, dass die Auflagerpunkte vertikal in einer flachen, horizontal auslaufenden Kurve liegen. Die erste und letzte Unterstützung sind 2 m hoch, in der Mitte erreichen sie etwa 12,5 m Höhe. Ihre Entfernungen voneinander wurden durchaus dem Terrain angepasst; während die Spannweite über dem Söhsefluss 20 m misst, reduzieren sich diejenigen auf dem Plateau der Schwarzehütte auf rund 9,5 m. Je nach dem Standort und der Höhe sind die Unterstützungen als einfache Ständer, Doppelständer oder Dreifüße konstruiert, die im Söhse-Bett aufgestellten außerdem durch umgelegte Steinkegel gegen Unterspülung und Beschädigung beim Eisgang etc. geschützt.

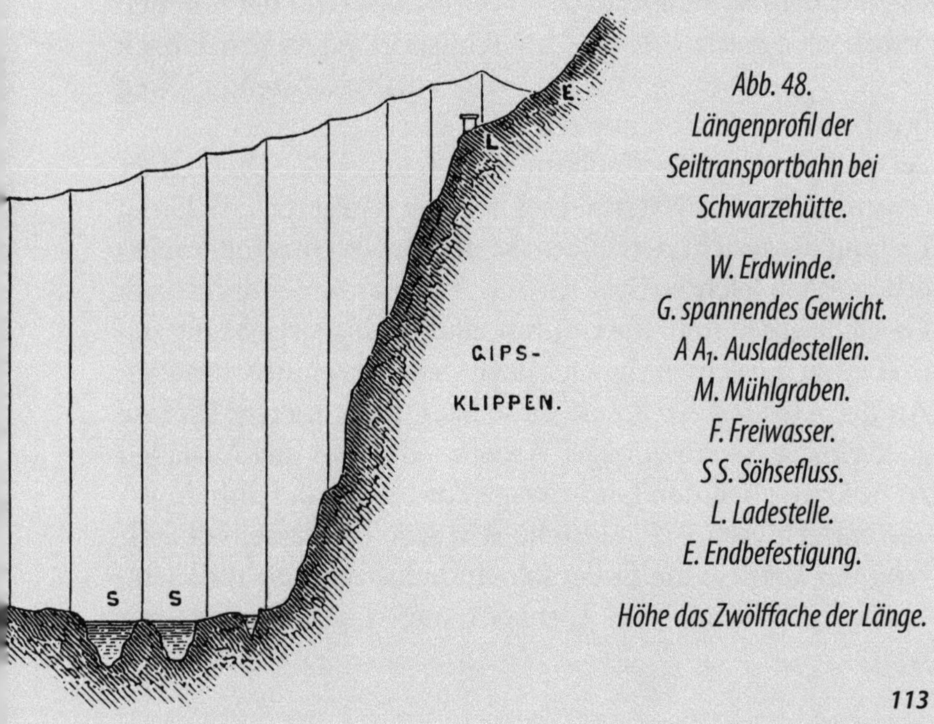

Abb. 48.
Längenprofil der
Seiltransportbahn bei
Schwarzehütte.

W. Erdwinde.
G. spannendes Gewicht.
A A_1. Ausladestellen.
M. Mühlgraben.
F. Freiwasser.
S S. Söhsefluss.
L. Ladestelle.
E. Endbefestigung.

Höhe das Zwölffache der Länge.

Die Bahn selbst besteht aus 26 mm starkem Rundeisen, welches mit Hilfe einer Feldschmiede zu der erforderlichen Länge zusammengeschweißt wurde. In den Gipsklippen ist nur eine einfache Erdbefestigung angebracht, während am anderen Ende eine Erdwinde aufgestellt ist, auf deren Trommel sich ein Stück Drahtseil, die Fortsetzung des Rundeisens, behufs der Spannung aufwickelt. Zwischen den beiden letzten Stützen hängt dann außerdem ein Gewicht in Form eines mit Steinen beschwerten Holzgestelles, um die Spannung möglichst konstant zu erhalten und den etwaigen Schwankungen etwas nachzugeben. Die direkte (horizontale) Entfernung beider Endpunkte beträgt 447 m, während der von den Transportwagen von L nach $A1$ zurückzulegende Weg horizontal gemessen nur etwa 377 m ist.

Abb. 49. Stützenanordnung mit Seilaufhängung der Seilriese Schwarzehütte, 1870.

Der Betrieb auf der Seilbahn ist nun folgender: Drei Arbeiter sammeln das Material und beladen damit die auf 250 kg Ladung eingerichteten Förderkästen. Jeder einzelne Kasten erhält einen leichten Stoß und läuft dann mit der durch sein Gewicht erzeugten, aber durch eine Bremsvorrichtung gemäßigten Geschwindigkeit nach Schwarzehütte hinüber. An der Abladestelle $A1$ ist diese bei gut regulierter Bremse so gering, dass ein einziger Arbeiter, der hier das Ausladen zu besorgen hat, den Förderwagen mit der Hand anhält. An der entfernteren Ausladestelle A würde bei derselben Stellung der Bremse die Endgeschwindigkeit nahezu null sein. Vorläufig sind nur drei Transportwagen in Gebrauch, der letzte derselben erhält das Ende einer Leine angehängt, die sich durch den Zug des Wagens von einer im Gipsbruch aufgestellten Windetrommel abwickelt. Nachdem alle drei Wagen entleert sind, werden sie aneinandergehängt und durch Aufwickelung der erwähnten Leine wieder nach dem Gipsbruch hinübergezogen.

Der beladene Wagen legt den Weg an der Seilbahn in 70–75 Sekunden zurück, in einer Stunde werden alle drei Wagen 8–9-mal hin- und hergeschickt. Da es für den augenblicklichen Bedarf genügt, so werden die Kästen nur mit rund 180 kg beladen und somit bei 11-stündiger Arbeitszeit täglich gut 30 t Gips nach Schwarzehütte befördert. Wie oben erwähnt, sind die Anordnungen auf 250 kg Ladung berechnet und die Transportwagen laufen mit diesem Gewicht eben so sicher und anstandslos hinüber. 250 kg Ladung und 11-stündige Arbeitszeit würden aber einen täglichen Transport von 50 t gewähren.

Die mehrfach erwähnte Bremse besteht aus einem Brettstück, welches – mit passenden Ausschnitten versehen – von oben zwischen die Räder greift und in dieser Stellung durch einen langen Schraubenbolzen an dem unteren Rahmen des Radgestelles befestigt ist.

Die Herstellungskosten der Seilbahn stellen sich in runden Zahlen wie folgt:

Materialien zum Bau: Eisen, Holz, Fuhrlohn etc.   486 Taler
Honorar, Bauleitung, Vorarbeiten etc. . . . . . .   130 Taler
Arbeitslöhne einschl. der Schmiedearbeit . . . .   222 Taler
Summa einschl. Beschaffung v. 3 Förderwagen .   838 Taler

Dies gibt, reduziert auf 377 m nutzbare Länge, pro laufenden Meter 2 Taler [1] 6 Sgr. 8 Pf.

[1] Ein Taler in 1871 entspricht einer Kaufkraft von rund € 40 in 2023.

Die Aufstellung geschah übrigens mit ungeübten Leuten, auch waren die Materialien in reichlichem Maße beschafft, so dass die Bemerkung Dückers, eine zweite gleiche Anlage für rund 600 Taler herstellen zu wollen, wohl zutreffend erscheint. Das Eisenzeug für Anbringung eines zweiten Stranges würde etwa 180 Taler kosten.

Zur Bedienung der Bahn sind, wie oben erwähnt, vier Arbeiter nötig, welche früher ebenso beim Beladen und Entladen der Fuhrwerke beschäftigt waren. Der Fuhrlohn beim Transport durch Pferde betrug bisher 4,86 Pfennige pro 100 kg, ohne das Auf- und Abladen, das bei der Seilbahn mit denselben Kosten (3 Pf. pro 100 kg) stattfindet.

Rechnet man für Zinsen, Reparaturen und baldige Amortisation jährlich 20 % des Anlagekapitals, so sind das bei 838 Taler, wie oben, 167,6 Taler p. a. oder bei 200 Arbeitstagen im Jahr rund 25 Sgr. pro Tag. Werden nun täglich 30 t befördert, so kostet 100 kg ziemlich genau 1 Pfennig für Benutzung der Bahn, ebenfalls ohne Auf- und Abladen. Die vorhin angegebene Summe für Fuhrlohn stellt sich daher zum Seilbahntransport wie 5 : 1.

Bei Beurteilung dieses glänzenden Erfolges ist zu berücksichtigen, dass die Leistungsfähigkeit der Bahn leicht gesteigert werden kann, durch Beschaffung einer größeren Zahl von Transportwagen, Anstellung mehrerer Arbeiter und Verlängerung der Arbeitszeit (wenigstens in den Sommertagen), endlich auch durch Anlage eines zweiten Stranges für die unbeladen zurückkehrenden Wagen. Der letztere könnte eine geringere Seilstärke erhalten und auf dieselben Stützen mit aufgelegt werden, was die Anlagekosten selbstredend erheblich vermindert. Die Bremsvorrichtung an den Wagen würde wegfallen und durch eine Leine ohne Ende ersetzt, welche den leeren Wagen auf dem zweiten Strang wieder hinaufzieht – alles Vorteile, welche in Schwarzehütte vorläufig nicht zur Geltung kommen, weil die jetzige Förderung von 30 t täglich für den Bedarf genügt.

Für das Gipswerk hat die Anlage der Seiltransportbahn noch den besonderen Vorteil, dass die Förderung auf derselben von dem Wasserstand der Söhse ganz unabhängig geworden, während man bisher den Fluss und das Freiwasser des Mühlgrabens mit Hilfe von Furten passierte und deshalb zeitweise den Transport einstellen musste.

Schließlich ist noch zu bemerken, dass die vorstehenden Angaben den Erfahrungen eines zweimonatlichen Betriebes entnommen sind und man wohl erwarten kann, dass die Resultate sich mit der Zeit noch günstiger gestalten. Der gute Erfolg ist übrigens wesentlich dem Umstand zu verdanken, dass Freiherr von Dücker sich persönlich der Aufstellung der Bahn unterzogen und deren Inbetriebsetzung selbst geleitet hat, dass auch alles streng nach seinen Anordnungen ausgeführt und gehandhabt wurde.

Es sei hiermit diese interessante Erfindung und die unablässige Tätigkeit des Urhebers der Beachtung aller Fachgenossen bestens empfohlen.   • *A. Lämmerhirt* den ist *(Abb. 47)*. Außerdem erschien es dem Erbauer aber notwendig, die Spannung noch mit Hilfe einer Erdwinde zu regulieren, was auch ganz naturgemäß ist, da die bei der Länge von 447 m des aus einem Rundeisen bestehenden Gleis aus Temperaturänderung und Belastungsunterschieden folgende Längsausdehnung von immerhin ½ m auszugleichen war. Da dieser Ausgleich aber durch eine senkrecht zur Seilrichtung und nicht in der Seilrichtung selbst wirkende Spannvorrichtung erfolgen sollte, musste die Zunahme des Durchhanges an der Spannstelle wesentlich größer werden, wie dieses Maß, und da er hierdurch ein Vielfaches der wirklichen Längenänderung zu betragen hatte, eine praktische, auf diese Art nicht mehr durchführbare Ziffer erreichen, so dass die Winde am Ende nicht mehr entbehrt werden konnte. Im Übrigen ist auf die Anwendung der Bremse für die abzubremsenden Wagen hinzuweisen, aber immer wieder zu erwähnen, dass die Bahn für kontinuierlichen Betrieb, da sie nur aus einer Laufbahn bestand, nicht gebaut war, ebenso wenig aber ein ständig laufendes Zugseil, das mit dem Wagen in dauernder Verbindung geblieben wäre, aufwies. Die Möglichkeiten, die für die weitere Ausbildung dieser Bahn in dem Aufsatz der Deutschen Bauzeitung erwähnt sind, namentlich die Möglichkeit der Anlage eines zweiten Stranges mit geringerer Seilstärke für die leeren Wagen, der Ersatz der hin- und hergehenden Leine durch eine Leine ohne Ende, sind jedenfalls eher dem Verfasser des Aufsatzes, als dem Erbauer der Bahn zuzuschreiben. Die Bahn befindet sich übrigens noch heute im Betrieb. Der Betrieb geht derart vor sich, dass die Wagen einer nach dem anderen unter Wirkung der Last frei auf dem Seil ablaufen gelassen werden, und dass der letzte Wagen die Leine mitnimmt, mit deren Hilfe dann die sämtlichen zusammengekoppelten Wagen zurückgezogen werden. Ei-

118

ner der nach den Angaben von Dücker ausgeführten Seilbahnwagen *(Abb. 50)* ist durch einen modernen Eisenwagen ersetzt worden.

Fast gleichzeitig mit der Bahn auf der Schwarzehütte finden wir eine Mitteilung über eine weitere Dückersche Seilbahn in Oeynhausen auf der Tonwarenfabrik des Inspektor Rasch. Diese Bahn war in ähnlicher Weise hergestellt, wie die Bahn im Harz, jedoch führte sie nur über ein ebenes Gelände. Da hier Schwierigkeiten nicht vorlagen, so waren die Stützen in regelmäßigen Abständen von 9,5 m aufgestellt. Hinsichtlich ihrer Höhe aber waren sie so angeordnet, dass die Bahn bei 125 m Länge ein Totalgefälle von 1 m besaß. Der Ton wurde in Ladungen von etwa 350 kg transportiert, und zwar soll dies so leicht gegangen sein, dass ein Arbeiter den Förderwagen in 1¾ Minuten die Bahn entlang schob, ihn ablud und zur Ladestelle zurückbrachte.

Abb. 50. Seilbahnwagen der Dürkschen Seilriese auf Schwatzehütte von 1870.

Diese Angabe kann sich aber nur auf einen gelegentlichen Versuch beziehen.

Also auch hier, wo doch die Möglichkeit zur Ausführung einer Seilbahn mit kontinuierlichem Betrieb durchaus gegeben war, namentlich, da es sich um einen Versuch handelte, kommt Dücker nicht dazu, seine von ihm früher schon gemachten Vorschläge in die Praxis zu übersetzen und eine horizontale Bahn mit endlosem Zugseil einzurichten, sondern er legt trotz horizontaler Geländegestaltung seine Bahn künstlich ins Gefälle, um die beladenen Wagen selbsttätig herunterfahren zu lassen und um sie nachher wieder mit der Hand nach dem Ausgangspunkt zurückzuschieben.

Die Ausnutzung des Gegengewichtes der auf einem Gefälle niedergehenden Last zum Betrieb von Seilbahnen findet sich um die Jahre 1869–73 herum mehrfach. Von anderen Erfindern wurden aber zu diesem Zwecke häufiger Zweiseilbahnen in Vorschlag gebracht, die derart angeordnet waren, dass beide Stränge, der hingehende sowohl, wie der rückkehrende in entgegengesetzt gerichtetem Gefälle lagen, so dass die beladenen Wagen von selbst nach der Beladestation zurückliefen. Allerdings entstand hierdurch zwischen dem Ankunftspunkt der leeren Wagen in der Beladestation und dem Ablaufpunkte der vollen in derselben Station ein beträchtlicher Höhenunterschied, der durch einen besonderen Aufzug überwunden werden musste. Ein hierher gehöriger Vorschlag ist die österreichische Privilegiumsanmeldung von Provius aus dem Jahre 1872, die dieses Prinzip verfolgt *(Abb. 51)*.

Doppelseilbahnen mit hin- und hergehendem Betrieb finden wir, wenn auch nicht in der Ausführung, so doch in Patentanmeldungen ebenfalls von Provius in einer österreichischen Privilegiumsanmeldung auch im Jahr 1872, die natürlich nur als doppelte Seilriesen anzusehen sind. Der auf einem Seil niedergehende Korb mit der Last wird mit

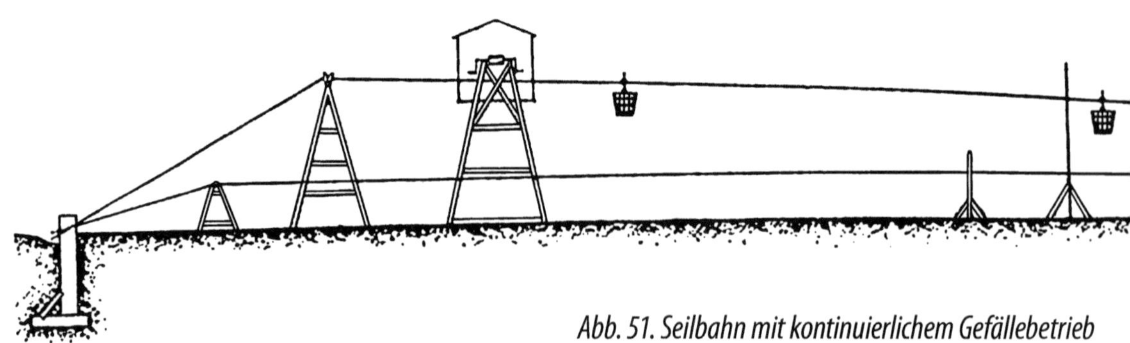

Abb. 51. Seilbahn mit kontinuierlichem Gefällebetrieb

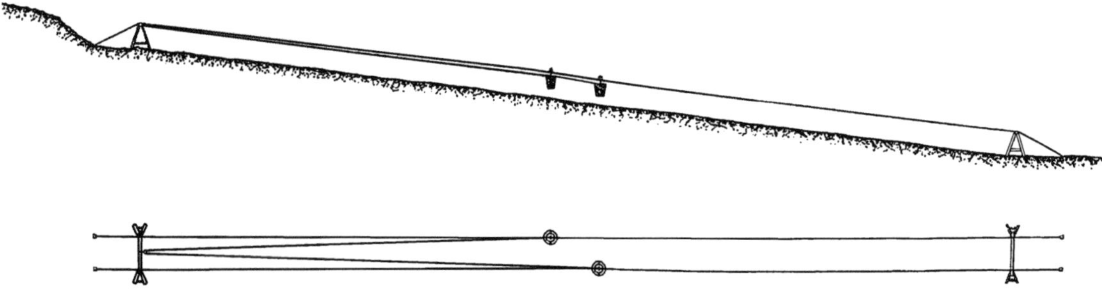

Abb. 52. Seilriese mit hin- und hergehendem Betrieb nach Provius, 1871 – 72.

Hilfe eines, an ihm befestigten, über eine Rolle in der Aufgabestation geführten, Zugseils dazu benutzt, den leeren Korb zurückzuziehen *(Abb. 52)*.

Drahtseilriesen, wie sie ursprünglich für hin- und hergehenden Betrieb mit 2 Seilen von König angegeben waren, und wie sie hier in verschiedenartigen Ausführungen von Provius und anderen vorgeschlagen sind, kamen zu Beginn der 1870er Jahre überhaupt mehr zur Ausführung. Sie haben sich als Bremsseilbahnen ganz gut eingeführt und werden heute noch in umfassendem Maße verwandt. Eine sehr vervollkommnete Bremsseilbahn wurde gegen das Jahr 1873 in Aalesund in Norwegen von W. Th. Carrington zur Ausführung gebracht *(s. S. 123)*, der sich in der englischen Drahtseilbahn-Industrie auch in der Folge einen größeren Namen erworben hat. Diese Bahn besteht aus zwei Laufseilen, die eine freie Spannweite von 700 m überschreiten und an deren jedem kleine zweiräderige Hängewagen mit

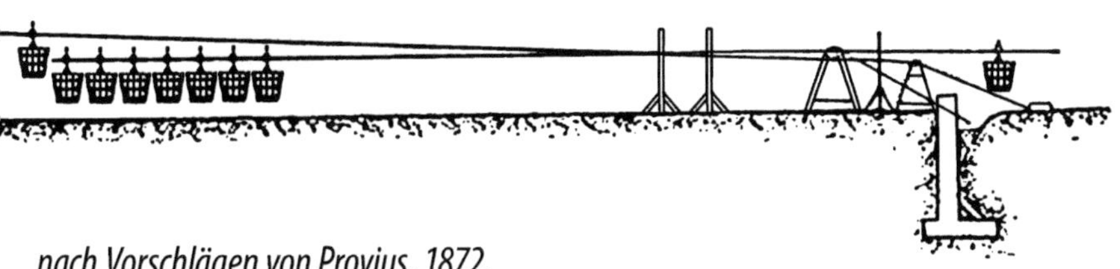

nach Vorschlägen von Provius, 1872.

einem Inhaltsgewicht an Eisenerz von etwa 500 kg hingen. Die beiden Förderkübel waren durch ein Zugseil miteinander verbunden, das sich oben in der Aufgabestation um drei Seilscheiben schlang, von denen mit Hilfe eines Handhebels gebremst wurde. Die Neigung der Bahn betrug annähernd 45°. Die Fahrgeschwindigkeit der Wagen wurde mit etwa 10 m in der Sekunde eingehalten. Die beiden Tragseile waren am unteren Ende durch Gewichtsbelastung angespannt, am oberen Ende im Felsen verankert. Die Entfernung der Zugseilendpunkte und damit auch der Förderkübel voneinander konnte mit Rücksicht auf die genau einzuhaltenden Be- bzw. Entladepunkte durch eine horizontal verschiebbare Scheibe auf der Beladestation reguliert werden.

Schließlich verbesserte Karras in Seelowitz die Proviusschen Ideen Mitte Dezember des Jahres 1872, wenigstens durch entsprechend ausgearbeitete Projekte dahin, dass er statt des hin- und hergehenden Betriebes den kontinuierlichen Betrieb einzurichten versuchte, wie dies aus dem österreichischen Privilegium 22/834 ersichtlich ist *(Abb. 53)*. Er verband die auf dem einen Tragseil niedergehenden vollen Wagen in bestimmten Entfernungen fest mit dem endlosen Zugseil, das die auf dem anderen Seil laufenden leeren Wagen in die Höhe zog, und schlug vor, die Wagen durch eine feste Umführungsweiche in den Stationen von einem auf das andere Seil übergehen zu lassen. Details zu diesen einzelnen, nur schematischen Vorschlägen gibt er nicht an, außer einer Wagenkonstruktion. Doch mittlerweile waren diese Ideen jedoch von Bleichert überholt worden.

Den Unterschied zwischen den Vorschlägen von Provius und Karras und den Ausführungen von Carrington besteht im Wesentlichen darin, dass erstere Laufwerke bzw. Wagen mit einer Laufrolle anwenden wollten, die eine schlechte seitliche Führung auf dem Laufseil haben mussten, wäh-

Drahtseilbahn für Eisenmine bei Aalsund in Norwegen

ENGINEERING • 16.10.1874

Viele wertvolle Eisenminen werden gegenwärtig entweder nur in sehr geringem Umfang oder sogar gar nicht betrieben, da sie an so unzugänglichen Stellen liegen, dass ein wirtschaftlicher Transport des Erzes zu einem Verschiffungshafen nicht möglich ist. Häufige Beispiele solcher Minen findet man an der Küste Norwegens, hoch oben in den Bergen, die über die zahlreichen Fjorde ragen, die die Küste

Abb. 53. Drahtseilbahn bei Aalsund.

durchziehen. Der einzige Zugang zu diesen Minen besteht über eine holprige und zickzackförmige Straße, die für den Transport großer Mengen an Mineralien völlig ungeeignet ist und aufgrund der extremen Steilheit der Bergseite oft einen Umweg von vielen Meilen macht, um einen Ort zu erreichen, der weniger als eine halbe Meile in gerader Linie entfernt ist.

Um solchen Fällen zu begegnen, wurde eine Anordnung von Drahtseilbahnen entworfen und erfolgreich betrieben, wie die Illustrationen zeigen. Sie besteht aus zwei Stahlseilen mit einer Bruchlast von etwa 40 Tonnen, die von den Minen direkt zum kleinen Pier am Fuße des Berges führen. Sie überbrückt eine Distanz von 686 m ohne Stütze. Darauf laufen zwei Wagen mit kleinen Rillenrädern, die mit etwa 600 kg Eisenerz gefüllt sind, wobei die festen Seile durch Gewichtskästen am Boden unter Spannung gehalten werden.

Der beladene Wagen wird dazu gebracht, den leeren Wagen mit Hilfe eines leichten Stahlseils hochzuziehen, das um geeignete Bremsscheiben in der Mine läuft und durch das die Geschwindigkeit der herabsinkenden Ladung gesteuert wird. Unten angekommen wird der Wagen in einen

Abb. 54. Talstation.

Abb. 55. Bergstation.

großen Güterwagen entladen,
der, wenn er voll ist, wiederum
in ein Schiff entladen wird. Der
leichte Seilbahnwagen ist inzwischen
oben angekommen und darf, nachdem er
gefüllt ist, hinabfahren und den leeren Wagen hochziehen. Die Neigung hat einen Winkel
von 45° und die Geschwindigkeit, mit der die Wagen
fahren, beträgt etwa 25 – 30 km/h. Auf diese Weise werden
etwa 100 Tonnen in zehn Stunden zu sehr geringen Kosten
transportiert.

Die einzigen Kosten sind die für die Arbeit erforderlichen Arbeitskräfte, nämlich etwa drei oben und zwei unten. Die abgebildete Seilbahn wurde von der Wire Tramway Company nach den Entwürfen und unter der Aufsicht ihres Ingenieurs W. T. H. Carrington für einige Eisenminen in der Nähe von Aalsund gebaut, die Eigentum der Firma Adamson and Co. aus London sind. Die Arbeiten wurden vor Ort von H. Dunn durchgeführt, einem Ingenieur des Unternehmens.

Abb. 56.
Bergstation.

Durch die Anwendung solcher Seilbahnen, die aufgrund ihrer Einfachheit nur geringe Kosten verursachen, ist es wahrscheinlich, dass viele Minen, die derzeit nicht genutzt werden, ihre Produkte auf den Markt bringen könnten. Bahnen nach dem System des Unternehmens werden derzeit in vielen Teilen der Welt errichtet. Eine wurde kürzlich in Llanelly in Südwales für den Transport von Kohle eröffnet, und in Leitrim für einen ähnlichen Zweck. Letztere arbeitet mit einer 1:3-Steigung.

rend letzterer – nach dem Vorbild von König – Doppelrollen anwendet.

Bemerkenswert gute Ideen in Bezug auf die Ausbildung eines Zweiseilbahnsystems entwickelte der Ingenieur Obach in Wien im Jahr 1870. Die damals allerdings nicht zur Ausführung gelangten Entwürfe zu Drahtseilbahnen mit ständig laufendem Zugseil und zwei festen aus Rundeisen gebildeten Schienen lassen sich leicht verfolgen aus dem österreichischen Privilegium vom 22. Januar 1871 *(Abb. 58)*. Hier begegnen wir zum ersten Male dem Gedanken, ein endloses Zugseil ständig unter den beiden parallelen aus Runddrähten gebildeten Gleisen laufenzulassen und dieses Zugseil, je nach Bedarf, mit den Wagenkästen, die an einem doppelräderigen Laufwerk aufgehängt sind, in Verbindung zu bringen bzw. von ihnen zu lösen. Die Angaben, die der Erfinder Obach in seiner Privilegiumsanmeldung gemacht hat, sind allerdings nur sehr schematischer Natur, wenn auch einzelne Details später zu einer weit ausgebildeten Anwendung geführt haben. Aber auch vielfach ein Verkennen der Bewegungs- und

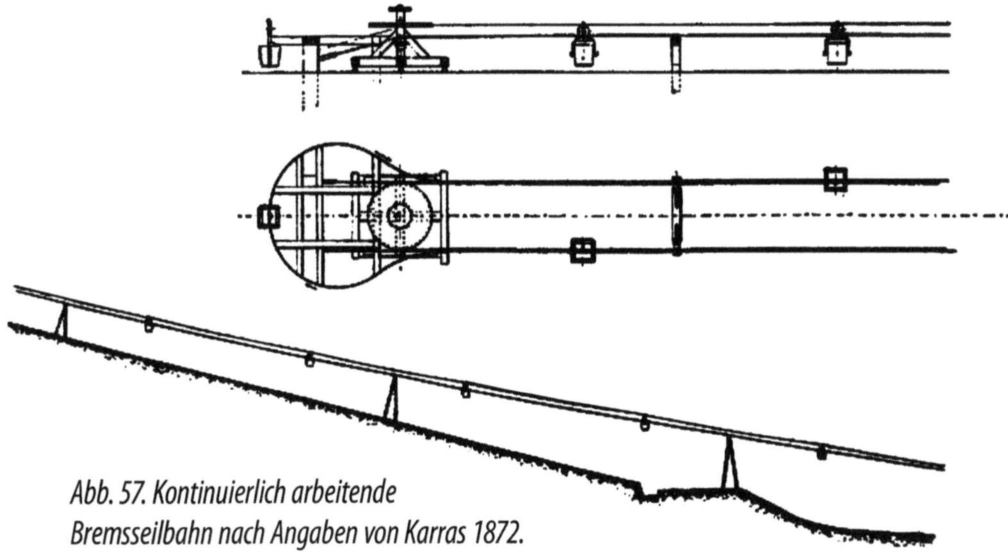

Abb. 57. Kontinuierlich arbeitende Bremsseilbahn nach Angaben von Karras 1872.

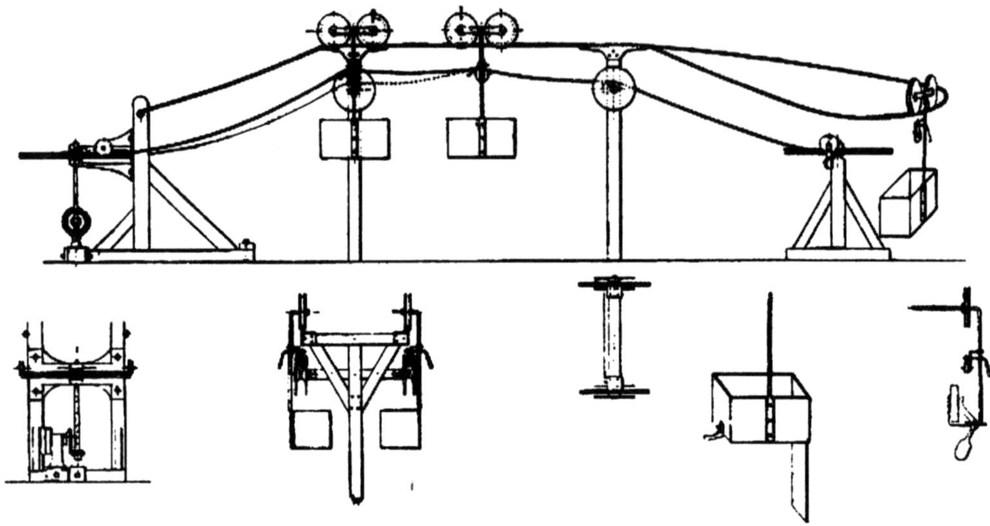

Abb. 58. Drahtseilbahn nach Vorschlägen von Obach 1870.

Betriebsvorgänge bei einer solchen Seilbahn findet sich in den Zeichnungen ausgedrückt. Zunächst ergibt sich aus der Privilegiumsbeschreibung, dass auch hier wieder auf die so außerordentlich wichtige Längenveränderung der Laufbahn während des Betriebes keine Rücksicht genommen ist. Es wird lediglich gesagt, dass die Eisen- oder Stahldrähte für die Laufbahn bei zu großen Längenausdehnungen immer wieder nachgespannt werden müssen, ein Mittel hierzu ist aber nicht angegeben. Trotzdem finden wir hier aber eine freie Auflagerung der Seile in nach oben offenen festen Tragschuhen nach Art der Königschen Rinnen, eine Form, die sich übrigens bis heute noch erhalten hat und als die einzig richtige bezeichnet werden muss. Ebenso enthielt diese Privilegiumsanmeldung die Grundidee der später vielfach verwandten Exzenterkupplungen, ebenso wie diejenige der Ausbildung der Stationen. Technisch sehr zu beanstanden ist jedoch die aus der Zeichnung sich ergebende Anordnung der Wagenkästen und ihre Aufhängung. Wagen von einer derartigen Ausbildung würden wohl kaum lange auf dem Gleis geblieben sein. So weit fortgeschritten die Gedanken von Obach in Bezug auf die technische Durchbildung des Seilbahnsystems auch 1870 – 71 gewesen sein mögen, so wenig wertvoll waren sie in Wirklichkeit, da sie in einem österreichischen Privilegium, das bekanntlich geheim gehalten wird, niedergelegt waren, und da sie bis zu Mitte der 1870er Jahre weder zu einer literarischen Veröffentlichung, noch zu einer weiter bekanntgewordenen Ausführung geführt haben. Aus diesem Grund konnten die Ideen von Obach auch nicht befruchtend auf die nun nach ganz kurzer Zeit mit Macht einsetzende Drahtseilbahnindustrie einwirken.

Seiltransportbahn nach dem Fort Queuleu

MITTEILUNGEN DES INGENIEUR-KOMITEES • 1874

Der Zweck, welcher durch die Anlage der von der Metz-Saarbrückener Eisenbahn nach dem Fort Queuleu führenden Seiltransportbahn erreicht werden soll, ist der: Bruchsteine und Mauersand dorthin zu befördern. Erstere werden mit der Staatsbahn Amanvillers-Montigny resp. Maizières-Metz bezogen und mussten bisher von dem Bahnhof Metz 5 km weit per Achse nach dem Fort geschafft werden; der Mauersand wurde in der Mosel gebaggert, südlich der Stadt Metz an Land gebracht oder in Sablon auf besonders dazu angekauftem Terrain gegraben und ebenfalls 5–8 km per Achse transportiert, während in der Nähe des Forts Privat derselbe bei den Ausschachtungen unentgeltlich gewonnen werden kann. Nach der Fertigstellung der Bahn Amanvillers-Montigny und Montigny-Privat war zuerst ein Projekt entworfen, die Bahn Metz-Saarbrücken entweder von Station Peltre oder von der Seillebrücke bei Magny ab durch einen festen Schienenstrang mit dem Fort Queuleu zu verbinden, allein die großen Niveau-Unterschiede und infolgedessen die große Länge dieses Gleises in sehr kostspieligem Terrain (Weinberge und Weizenboden) zwangen zur Aufgabe dieses Projektes. Es wurde nunmehr die Anlage einer Seiltransportbahn in gerader Linie von dem Punkt der Bahn Metz-Saarbrücken projektiert, wo diese aus dem Einschnitte bei la Horgne au Sablon in die Seille-Niederung eintritt, weil hier die Anlage eines Nebengleises zum Absetzen der beladenen Waggons am einfachsten und billigsten sich herausstellte.

Als Endpunkt wurde die große Mörtelmaschine vor dem Saillant resp. die Frontlinie der in Bastion I zu erbauenden großen Kaserne bestimmt, wo der Materialbedarf am größten war. Die Entfernung der beiden Endpunkte beträgt 2148 m, welche an Stelle des Transportes von resp. 5 km und 8 km Entfernung auf dem Landweg tritt; dazu kommt, dass die von den Fuhrwerken zu benutzenden Straßen in einem so schlechten Zustand sich befanden, dass der Transport auf denselben außerordentlich erschwert war, und die sonst regelmäßigen Ladungen der Wagen für ein Pferd, zeitweilig deren zwei erforderten.

Das Längenprofil zeigt, dass von der Anfangsstation (Schienenoberkante des Gleises der Staatsbahn) + 178,77 bis

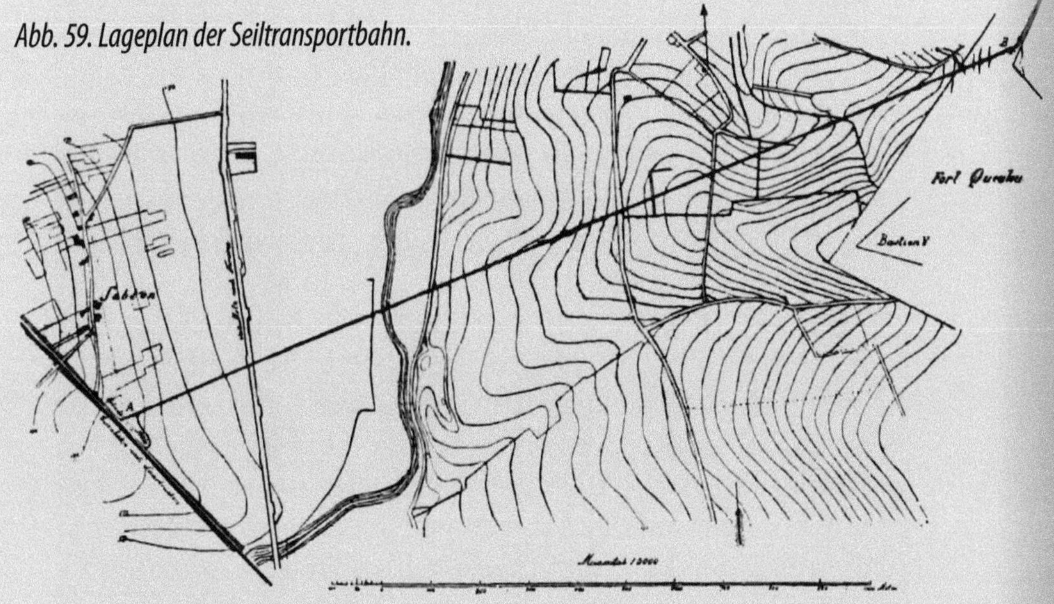

Abb. 59. Lageplan der Seiltransportbahn.

zu der Endstation (Grabenrand vor der linken Face Bastion I) + 215,77 ein Höhenunterschied von 37 m zu überwinden und die Terraingestaltung eine solche ist, dass es nur mit außerordentlich hohen Gerüsten oder tiefen Terraineinschnitten möglich sein würde, eine Bahn mit kontinuierlicher Steigung anzulegen.

Es wurde daher vorgezogen, mit wechselndem Gefälle resp. Steigung dem in der Situation *(Abb. 59)* dargestellten Terrain zu folgen, und war außer der allgemeinen Bestimmung der Höhe der Bahn der Art, dass die Beackerung der Felder nicht gehindert werden durfte, noch der Umstand maßgebend, dass die nach Magny-Nomeny führende Chaussee (+ 170,13) hoch genug von dem nach unten durchschlagenden Zugseil und Wagenkasten (Unterkante 6 m über dem Terrain) passiert werden musste, um den Verkehr auf derselben nicht zu stören. Die Überschreitung der Seille-Niederung bot an sich keine anderen Schwierigkeiten, als dass eine Laufbrücke von 80 m Länge erbaut werden musste, um bei der mehrere Wochen anhaltenden Überschwemmung der Wiesen den Verkehr des Personals zu ermöglichen, und dass für solide Aufstellung der Gerüste in dem weichen Lehmboden durch Steinpackung zu sorgen war. Durch verschiedene Höhe der Gerüste wurden die Ungleichheiten des Terrains, so weit es möglich war, ausgeglichen, indessen erschienen größere Höhen des Tragkabels über dem Terrain als 7,60 m (Oberkante der Holme + 8,36 m, Ständer + 8,66 m) nicht zweckmäßig, da sonst die Gerüste besonderer Vorkehrungen zu ihrer Sicherheit bedurft hätten. Die Linie der Tragkabel liegt am Anfangspunkt der schwebenden Strecke auf + 180 am Endpunkte auf + 220,90, und ist dieselbe hier so hoch gelegt, um einesteils auf der daranstoßenden festen Entladestrecke die beladenen Kästen mit Gefälle bis an die Stelle zu führen, wo sie leer umkehren, anderenteils durch das Anhäufen der abgestürzten Steine nicht behindert werden. Die feste Strecke zum Beladen der Wagen bei Sablon längs des neben der Staatsbahn angelegten Gleises ist auf + 181 gelegt; die leeren Wagen werden mit einer Steigung von 1 m hinauf- und mit dem nämlichen Gefälle beladen dem Anderen Tragkabel wieder zugeführt. Die Steigung resp. das Gefälle der schwebenden Strecke ist sehr wechselnd und beträgt bis zu 1:10, unter Voraussetzung einer völlig straffen Anspannung der Tragkabel; da diese aber auf eine Länge von 2000 m völlig unmöglich ist und die Festigkeit der Tragkabel außerordentlich in Anspruch nehmen würde, so haben die beladenen Kästen bei dem Passieren der Aufhängestellen schließlich auf kurze Entfernungen eine Steigung von 1:6 zu überwinden. Dass dieses mit Sicherheit geschehen konnte, ohne dass ein Lösen des Verschlusses und Rückwärtslaufen der Lasten stattfand, ist erst nach längeren Versuchen und Konstruktion eines schraubstockartigen Verschlusses erreicht. Abgesehen von der festen Ladestrecke bei Sablon, wo 4000 m² für die Anlage und den Betrieb temporär okkupiert werden mussten, genügte es auf der übrigen Strecke, einen Streifen von 3,50 m Breite zu okkupieren, was nach dem französischen Gesetz ohne besondere Schwierigkeiten ist, und wofür jährlich nach der Schätzung von Experten den Eigentümern resp. Pächtern der Verlust ersetzt wird.

Die Bahn zerfällt in die Hauptstrecke (1923 m lang), auf welcher die Bewegung vermittelst einer Dampfmaschine und eines Seils ohne Ende bewirkt wird, und die beiden festen Endstrecken, wo die Kästen durch Menschenhände gefüllt und entleert werden. Auf der Ladestation Sablon werden die Kästen, auf dem festen Gleis neben den Eisenbahnschienen der Staatsbahn hängend, mit Menschenhand gefüllt, dann mit dem Zugseil in Verbindung gebracht, dagegen leer wieder entnommen; auf der Entladestation Queuleu werden die vollen Kästen abgenommen, entleert und wieder an das Zugseil herangeschoben. Außerdem bedarf die Konstruktion der Kästen und ihre Verbindung mit dem Zugseil einer Erläuterung.

Es sind hier im Abstande von 1 m zwei Tragkabel gestreckt, von denen das eine, welches die vollen Kästen trägt, 30 mm, das zweite, auf dem die leeren Kästen zurücklaufen, 25 mm stark ist. Beide sind aus Drähten geflochten; ersteres wiegt pro laufenden Meter 3,20 kg, letzteres 2,40 kg.

Die Kabel sind von 25 m zu 25 m unterstützt durch Gerüste in Form eines Galgens *(Abb. 60)* von 2 m lichter Weite. Der Holm ist mit eisernen Ringen einfach auf starke Schienennägel gehängt, die in die Pfosten geschlagen wurden; an dem Holme sind zwei **S**-förmige Haken angebracht, welche in einem offenen Lager die Kabel tragen; das Lager ist nach beiden Seiten abgerundet, um bei der wechselnden Last dem Kabel eine gewisse Nachgiebigkeit ohne Nachteil zu gestatten. Die Länge der Trageeisen, zu denen das beste Material zu nehmen ist, da sie stark in Anspruch genommen werden, ist eine solche, dass die Räder der Wagenkästen frei unter dem oberen Teil des Hakens passieren können. Jedes zweite Gerüst ist außerdem noch weiter unten (2,14 m unter der Unterkante des Holmes) mit einem Querriegel versehen, welcher zwei gusseiserne Rollen trägt; diese sollen verhindern, dass das Zugseil – namentlich bei großer Entfernung der angehängten Kästen – nicht zu sehr durchschlägt und infolgedessen größere Kraft der Maschine in Anspruch nimmt. Anfangs angebrachte eichene Rollhölzer erwiesen sich nicht als dauerhaft genug, und es hat sich herausgestellt, dass die Befürchtung, die eisernen Rollen könnten das Zugseil zu sehr angreifen, nicht begründet war. Die beiden Tragkabel sind mit dem einen Ende bei Queuleu um

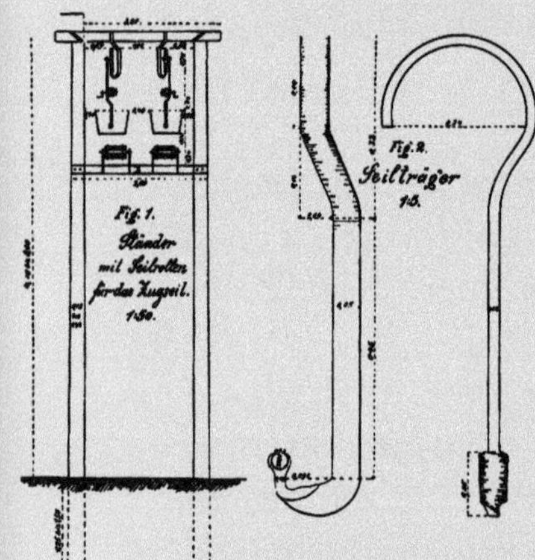
Abb. 60. Stützen und Seilaufhängung.

ein fest verpfähltes hölzernes Gerüst gelegt, das andere Ende desselben ist bei Sablon um je eine hölzerne Welle von 0,60 m Durchmesser geführt *(Abb. 61)*,

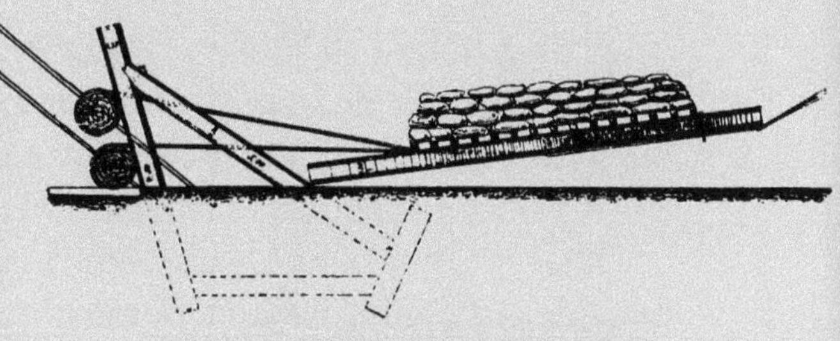

Abb. 61. Spannvorrichtung des Tragseils.

welche mittelst durchgesteckter eiserner Federn gedreht wird und das Anziehen der Kabel gestattet.

Um dieselben bei der allmählich stattfindenden Dehnung und den Veränderungen der Länge infolge der Temperatur-Unterschiede stets in gleichmäßiger Spannung zu erhalten, ist nahe an dem Ende bei Sablon ein Balanciergewicht von etwa 10 Tonnen aus Steinen darauf gepackt.

Das Zugseil ist 15 mm stark und besteht aus 36 Drähten; dasselbe sollte auf den beiden Endstationen um je eine horizontale eiserne Seilscheibe von 2 m Durchmesser laufen und ist dieses auf der Endstation Sablon auch der Fall. Auf der Station Queuleu ist indessen unter diesem Rad eine zweite hölzerne Triebscheibe von nur 1 m Durchmesser angebracht; die Geschwindigkeit der Bewegung ist dadurch allerdings etwas geringer geworden, aber die Maschine arbeitet leichter, und die Abnutzung des Seiles ist eine geringere. Für beide Seilscheiben sind solide gemauerte Fundamente ausgeführt; die bei Sablon ruht auf einem beweglichen hölzernen Schlitten *(Abb. 62)*, und

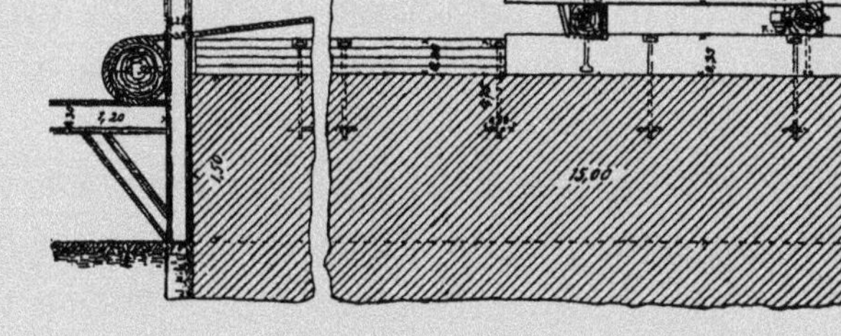

Abb. 62. Überführung und Anspannung des Zugseils.

wird dem Seil mittelst einer horizontalen Welle von 0,50 m Durchmesser eine solche Anspannung gegeben, dass die Reibung auf der Triebscheibe bei Queuleu hinreicht, um dasselbe in Bewegung zu setzen und darin zu erhalten.

Die Dampfmaschine, welche die Bewegung kontinuierlich bewirkt, hat 12 PS, ist auf einem Fahrgestell konstruiert und steht in einem kleinen Häuschen neben der Triebscheibe. Die Transmission ist sehr einfach: von der Riemenscheibe der Maschine (0,76 m Durchmesser) mittelst Treibriemen auf die Riemenscheibe von 0,95 m Durchmesser, auf der nämlichen horizontalen Achse (0,95 m Durchmesser) ist am anderen Ende ein konisches Rad von 0,32 m Durchmesser (16 Zähne), welches in die hölzernen Kämme des horizontal unter der Seilscheibe liegenden Kammrades eingreift (0,96 m Durchmesser, 41 Kämme). Die regelmäßige Geschwindigkeit des Zugseiles ist 100 m in der Minute, so dass jeder volle oder leere Kasten fast 20 Minuten zum Zurücklegen der Strecke braucht. Die Kästen sind im Mittel 1 m lang, 0,50 m breit, 0,43 m hoch und fassen 0,22 m³; dieselben werden jedoch nicht ganz vollgeladen, um unterwegs bei Schwankungen nichts zu verlieren und um die Tragkabel nicht mit mehr als 250 kg in Anspruch zu nehmen. Die Kästen *(Abb. 63)* sind zum Umkippen um eine unterliegende horizontale Achse eingerichtet, und dient zum Aufrechthalten eine kleine Kette mit Vorstrecker an den beiden vertikalen Hängeeisen. Die gusseisernen Räder, mittelst deren die Kästen auf den Tragballen rollen, haben 0,37 m Durchmesser und eine Rinne von 0,043 m Breite,

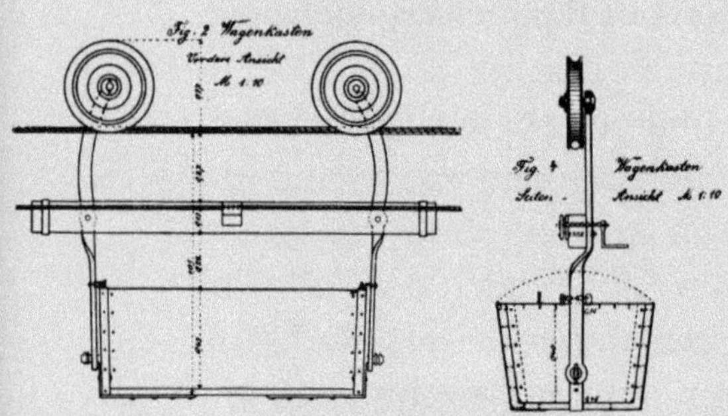

Abb. 63. Wagen der Seiltransportbahn.

0,03 m Tiefe. Über jedem Kasten ist ein hölzerner Holm angebracht, der einesteils die solide Verbindung der beiden Rollräder miteinander bewirkt, und verhindert, dass auf den Tragkabeln selbst die Kästen mit ihren Rädern aufeinander stoßen, anderenteils dazu dient, die Verschlussvorrichtung (Mitnehmer), aufzunehmen, mittelst deren die Kästen für jede Fahrt an dem Zugseil befestigt werden.

Die Konstruktion dieser Mitnehmer muss eine solche sein, dass die Kästen binnen wenigen Sekunden beim Ankommen auf der Station durch ein Mann vom Zugseil getrennt und beim Abgehen ebenso rasch und so fest mit demselben verbunden werden, dass sie bei den zum Teil starken Steigungen resp. dem Gefälle der Tragkabel in keinem Falle sich ablösen; geschieht solches, so folgt ein Zusammenstoß mehrerer Kästen, ein Entgleisen und Herabstürzen derselben und dadurch leicht ernste Beschädigungen und erhebliche Störungen in dem ganzen Betrieb. Außerdem muss die Verschlussvorrichtung einfach und solide sein, damit Reparaturen vermieden werden, welche die Kästen – abgesehen von den Kosten – dem Betrieb entziehen. Diesen Anforderungen entspricht der nach längeren Versuchen hier konstruierte schraubstockartige Verschluss. Damit derselbe das Zugseil nicht zu sehr angreift, sind die Backen des Schraubstockes mit starkem Sohlleder gefüttert, welches stark abgenutzt wird und öfters erneuert werden muss.

Die festen Endstrecken vermitteln die Führung der Wagen längs der Auf- und Abladestellen sowie das Überführen derselben von einer Seite der Hauptstrecke zur anderen. Das Gleise bestand anfangs aus Rundeisen, wurde jedoch bald, da es sich zu sehr durchbog, durch Grubenschienen ersetzte. Auf den schleifenartig gekrümmten Strecken erfolgt die Wendung der Wagen; außerdem wird dieselbe noch in der Mitte der Endstrecke beim Fort Queuleu durch eine Drehscheibe, deren Konstruktion aus *Abb. 64* ersichtlich ist, erreicht für diejenigen Materialien, welche auf der halben Entfernung der Endstrecken gebraucht werden sollen.

Auch kann innerhalb der schwebenden Strecke ein Entladen der Materialien stattfinden, indem man durch Lockern des Wagenverschlusses das Zugseil durchgleiten lässt und so ein Feststehen des Wagens bewirkt. Um ein doppeltes Schienengleis und die schleifartig gekrümmten Strecken an der Beladestelle bei Sablon entbehrlich zu machen, und dadurch an Material, Zeit und Arbeit zu sparen, ist neuerdings daselbst ein kreuzweises Überführen der Wagen von der Hauptstrecke auf die Entladestrecke bewirkt worden. Zu diesem Zweck ist das Gleis an der Kreuzungsstelle auf 24 cm unterbrochen und erfolgt hier die Überführung der Wagen auf einem aufzulegenden Stück Eisenschiene, wodurch abwechselnd nach beiden Seiten hin die Verbindung des Gleises hergestellt werden kann. Die direkte Verbindung der nunmehr eingleisigen Beladestrecke in sich wird durch eine 2,75 m lange Schiene,

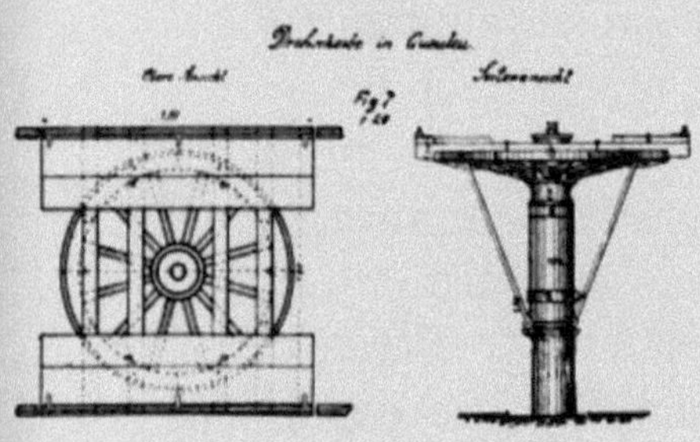

Abb. 64. Drehscheibe der Anschlussbahn.

welche sich mit den Enden in die Gleis-Einschnitte lose einlegt, bewirkt und dadurch ein Wagenwechsel von einer zur anderen Seite der Hauptstrecke ermöglicht. Zum Schließen der Einschnittöffnung dient ein Einlegestück, welches mit seinen gabelförmigen Enden den Schienensteg umfasst.

Erst in den Monaten Mai, Juni und Juli 1873 konnte wegen der vielfachen vorher stattgefundenen Versuche usw. der Betrieb ein normaler genannt und daher einer für die Beurteilung der Zweckmäßigkeit der Anlage maßgebenden Kostenberechnung zu Grunde gelegt werden. In dieser Zeit wurden auf der Seilbahn befördert 6000 m³.

An Arbeitslohn . . . . *4240 Taler*
An Reparatur- und Unterhaltungskosten . . . . *800 Taler*
An 10 % vierteljähr. Zinsen von dem
  Anlagekapital (20 000 Taler) . . . . *500 Taler*
____
in Summa . . . . *5540 Taler*

verausgabt, welches den Preis von 27½ Silbergroschen pro Kubikmeter ergibt. Für den Transport auf der Landstraße, von dem Bahnhof Metz nach dem Fort ist der Preis 1 Taler; dazu kommt noch der Lohn der Ablader auf dem Bahnhof selbst mit etwa 2 Silbergroschen, und die Unterhaltungskosten einer längeren Straßenstrecke, deren Abnutzung bei dem hier üblichen einspännigen Fuhrwerk – wo jedes genau dem vorhergehenden in langen Reihen folgt – eine sehr bedeutende ist. In der letzten Zeit ist die ganze Anlage einem Vorarbeiter mit etwa 30 Mann in Akkord übergeben, und erhält derselbe für den Transport eines Kubikmeter Steine 15 Silbergroschen 6 Pfennig, Kubikmeter Sand 17 Silbergroschen 6 Pfennig, worin das Abladen von den Eisenbahnwaggons bei Sablon und sämtliche Nebenkosten, Unterhaltung der Dampfmaschine usw. enthalten sind. Schließlich sei noch erwähnt, dass sich bei Anlage einer zweiten Seilbahn das Resultat günstiger herausstellen wird, da die bei dieser gewonnenen Erfahrungen von vornherein verwertet, und die Baukosten geringer werden. Andererseits ist nicht zu leugnen, dass die Abnutzung der Seile – sowohl der Tragkabel als des Zugseils – eine sehr bedeutende ist. Dies ist wohl vorzugsweise dem Wechsel von Gefälle und Steigung zuzuschreiben, und so würde bei ferneren derartigen Anlagen dahin zu streben sein, von einem bis zum anderen Ende kontinuierliches Gefälle zu erzielen.

Der Hauptvorteil dieser Bahn dürfte darin zu suchen sein, dass keine Stockung in der Materialienanfuhr vorkam, was bei dem sehr schlechten Zustand der hiesigen Straßen sonst befürchtet werden konnte; auch kann durch vielfache Versuche schließlich eine zufriedenstellende Konstruktion ermittelt werden; rentieren wird sich jedoch die Bahn erst, wenn sich Gelegenheit findet, sie bei anderen länger dauernden Bauten wieder zur Anwendung zu bringen. Anderen Fortifikationen ist diese Art Seilbahn nur zu empfehlen, wenn im Allgemeinen günstigere Verhältnisse als hier obwalten, namentlich, wenn die Länge der Bahn geringer wird und das Terrain nicht abwechselnd ein Steigen und Fallen derselben bedingt. Letztere beiden Umstände üben nämlich den Haupteinfluss auf die Dauer der teuren, sehr rasch verschleißenden Drahtseile. Der Ankauf der letzteren verursachte hier einen Kostenaufwand von 3800 Talern; einmal mussten sie bereits erneuert werden, und nach Jahresfrist wird dieselbe Notwendigkeit voraussichtlich wieder eintreten. Wo es möglich ist, feste Schienen statt des Seiles zu benutzen, werden diese immer vorzuziehen sein, da ihre Abnutzung eine sehr geringe ist und bei ihnen die Dampfmaschine lange nicht die Kraft zu äußern hat, als bei einer Seilbahn, wo durch die Durchbiegung des Seiles bei jeder Belastung stets Steigungen zu überwinden sind, und die Konstruktion des Seiles größere Reibung verursacht, als es glatte Schienen tun.

Weitere Entwicklung

Die erste wirklich größere Anlage, die zweifelsohne auch als Drahtseilbahn im strengsten Sinne des Begriffes anzusehen ist, wurde nach den Ideen und teilweise auch nach den Angaben von Dücker Mitte des Jahres 1872 in der Nähe von Metz in Angriff genommen. Die *MITTEILUNGEN DES INGENIEUR-KOMITEE* geben wertvolle Aufschlüsse über den Bau und den schließlich erfolgten Betrieb dieser Bahn *(s. S. 130)*.

Der Bericht enthält nichts über die Persönlichkeiten, die an dem Bau der Bahn und an ihrem Entwurf beteiligt waren. Dücker selbst gibt in einem Brief aus dem Jahr 1882 an, die Bahn sei die bedeutendste seiner Ausführungen gewesen. Wenn es hiernach auch nicht zu bezweifeln ist, dass sein Rat und seine Hilfe bei dem Bau der Bahn in Anspruch genommen wurden, so ist es andererseits doch wieder zweifellos, dass eine Reihe wesentlicher Verbesserungen nicht von ihm herrühren, sondern vielmehr offensichtlich von den beteiligten behördlichen Technikern stammen. Es ist dies zu entnehmen aus der Schlussbemerkung, dass erst durch vielfache Versuche eine zufriedenstellende Konstruktion ermittelt werden konnte. Im Allgemeinen muss auch aus diesem amtlichen Bericht entnommen werden, dass diese Bahn keinesfalls als Erfolg angesehen werden kann. Einfacher und günstiger kann ein Gelände nicht gut gestaltet sein, wie das hier vorliegende. Trotzdem wird behauptet, dass diese Art Seilbahnen nur zu empfehlen sei, wenn im Allgemeinen günstigere Verhältnisse als hier obwalten, namentlich, wenn die Länge der Bahn geringer wurde, und das Terrain nicht abwechselnd Steigen und Fallen bedingt, da dieser Umstand den Haupteinfluss auf die Dauer des teuren und rasch verschleißenden Drahtseiles ausübe. Diese Kritik der amtlichen Stelle ist in der Konstruktion der Bahn selbst begründet. Man muss hiermit nur noch die sehr genau berechneten Transportkosten vergleichen, um zu einer wirklichen Beurteilung des Wertes dieser Drahtseilbahneinrichtung zu kommen. Nach Aufstellung kosteten die 6000 m³ geförderter Sand auf der Seilbahn allein 5540 Taler oder pro m³ ca. 2,77 Mark. Nimmt man den Kubikmeter Sand zu 1330 kg an, die Länge der Bahn mit abgerundet 2 km, so würden sich die Kosten des Tonnenkilometers auf annähernd eine Mark stellen. Diese Kosten haben sich wohl im Laufe der Zeit verringert, sie sind auf etwa 1,70 Mark pro Kubikmeter einschließlich der Ladearbeiten, also auf rund 63 Pfennig für den Tonnenkilometer heruntergegangen, doch sind in letzterer Ziffer die Abschreibungskosten der Bahn und die Unterhaltung derselben nicht enthalten – also alles in allem ein wirtschaftlicher Misserfolg. Dieser wirtschaftliche Misserfolg war aber in der Konstruktion der Anlage vollauf begründet. Der wichtigste Teil einer Seilbahnanlage in Bezug auf Anlage- und Unterhaltungskosten ist die Laufbahn und nächst dieser das Zugseil. Die geradezu verblüffend große Abnutzung der Laufbahn, die hier aus einem (scheinbar Litzen-)Drahtseil gebildet wurde, ergibt sich notwendigerweise aus deren Anordnung. Bei einer Bahnlänge von etwa 2 km beträgt die durch die Temperaturveränderung bedingte Längenänderung des Seiles 1,5 – 2 m. Hierzu kommt noch die durch die verschiedenartige Belastung der Wagen bedingte Längenveränderung des Seiles infolge größerer oder geringerer Durchhänge, so dass unter Umständen mit einer Längenänderung von über 2 m zu rechnen ist. Diese ganz bedeutende Differenz sollte ausgeglichen werden durch die Steinpackung auf dem Ende des

Tragkabels, die aber eine Vertikalbewegung von höchstens 80 cm zuließ, während alles übrige durch die Spannrollen ausgeglichen werden musste. Es ist ja ganz klar, dass hiernach von einer selbsttätigen Anspannung des Seiles und namentlich von einer gleichmäßigen Anspannung desselben überhaupt keine Rede sein konnte. Bei schon geringer Längenänderung musste die Steinpackung auf dem Boden zur Auflage kommen, infolgedessen wurde das Seil schlapp, wenn es nicht rasch genug mit den Winden nachgespannt wurde, und das schlappe Seil wurde an den in der Auflagefläche viel zu kurzen Hängeeisen, in die es noch obendrein fest hineingeschlagen wurde, durch die kurze Biegung nach ganz geringer Zeit zerknickt. War das Seil nach einer stärkeren Längung aber etwa neu angespannt worden, und es trat kühleres Wetter ein, so wurde seine Belastung durch die Wagen zu groß, es wurde überanstrengt und infolgedessen auch wieder zerstört. Sodann war von den Erbauern der Bahn ganz übersehen worden, dass sich doch beide Tragkabel nicht gleichmäßig bewegen, da sie von dem Wagen nach entgegengesetzten Richtungen befahren werden und deshalb sich auch nicht gleichmäßig dehnen. Trotzdem wurde aber für beide Kabel ein gemeinsames Spanngewicht angeordnet. Auch das Zugseil konnte nach der vorliegenden Anordnung keinerlei Gewähr für Haltbarkeit und ordnungsgemäßen Betrieb bieten, da es ebenfalls nur durch eine zwangläufige Spannwinde in der Endstation Sablon angezogen war, die so gut wie gar keinen Ausgleich der bei dem Zugseil noch größeren Längenänderungen bot. In Bezug auf die Wagen und Laufbahnen stellt diese Metzer Konstruktion gegenüber der Seilriese in Osterode gar keine Verbesserung dar. Die Wagenkästen sind wohl drehbar und selbstkippend angeordnet, doch ist das Laufwerk als solches eine denkbar ungünstige Konstruktion, die beiden weit auseinanderliegenden Räder, die mit eisernen Gehängen mit dem Wagenkasten und unter sich durch einen hölzernen Querriegel verbunden sind, stellen ein in der Vertikalebene der Bahnrichtung liegendes starres System dar, das unter allen Umständen ungünstig arbeiten musste.

Zum ersten Male finden wir allerdings bei dieser Anlage eine nähere Mitteilung über einen während der Bewegung des Zugseiles schließ- und lösbaren Mitnehmer, der die Verbindung zwischen Zugseil und Wagen herstellt. Dieser Mitnehmer stellt die Urform und erste Erfindung des später von Obach weiter ausgebildeten Schraubverschlusses dar. Er ist aber nicht als eine Erfindung Dückers anzusehen, da der amtliche Bericht ausdrücklich erwähnt, dass er auf Grund dortiger Versuche erst konstruiert worden ist. Bei diesem Mitnehmer ist nur das eine zu verwundern, dass damals noch niemand auf den Gedanken gekommen ist, ihn irgendwie automatisch zu betätigen, was doch sehr nahe gelegen hätte, denn das Andrehen und Öffnen der schraubstockartigen Klemme bei einer Bahngeschwindigkeit von 1,66 m muss eine außerordentlich unbequeme und gefährliche Arbeit gewesen sein, wenn die Kupplung sehr straff angezogen war oder werden sollte; war letzteres jedoch nicht der Fall, so musste schon bei verhältnismäßig geringen Steigungen ein Rutschen der Wagen auf der Bahn eintreten.

Auch der Antrieb des Zugseiles erweist sich als verfehlt, die halbe Seilumschlingung der Antriebsscheibe konnte nicht genügen, einen Betrieb bei voll besetzter Bahn mit Sicherheit aufrechtzuerhalten, es musste vielmehr ein Rutschen des Seiles auf der Scheibe eintreten oder ein Überlasten des Zugseils.

Fast in dieselbe Zeit, wie diese Dückersche Bahn in Metz, fallen aber die Versuche und Erfindungen von Bleichert. Während Dücker sich vielfach in Fantasien verloren hatte, wie seine Erwägungen über den Transport ganzer Eisenbahnwagen, großer Personengefährte usw. leicht erkennen lassen, und er hierbei die Wichtigkeit der Einzelausbildung der zum Teil neu zu schaffenden Maschinenelemente aus dem Auge verlor, wandte Bleichert sein Hauptaugenmerk zunächst eben dieser Ausbildung der Einzelteile zu, die er dem Stand der Technik entsprechend auf die damals überhaupt mögliche Höhe brachte, um sie dann zu einem vollständigen System zu vereinigen, das mit seinen Vorbildern weiter nichts gemein hatte, als die grundlegende Verwendung auf Zug beanspruchter Laufgleise als Laufbahn für hängende Wagen und deren Bewegung mit Hilfe eines Zugorganes. Die Konstruktion des Bleichertschen Drahtseilbahnsystems fällt in den Beginn der 1870er Jahre. Schon in den Jahren 1870 und 1871 arbeitete Bleichert ein vollständiges System einer verbesserten Drahtbahn durch, zu einer Zeit, als er noch Ingenieur der Maschinenfabrik von Martin in Bitterfeld war, und zwar anhand von zwei Projekten für die Dampfziegelei Brand in Gohlis und eine Ziegelei Örtei & Kornagel in Möckern. Nachdem er im April des Jahres 1872 als technischer Dirigent zu der Halle-Leipziger Eisengießerei und Maschinenfabrik übergetreten war, übernahm er dort die Einführung seines Systems, aus dem als erstes Objekt die bekannte Bleichertsche Seilbahn in Teutschenthal bei Halle hervorging, die sich noch bis vor wenigen Jahren in Betrieb erhalten hat.

Bleichert ging von Anfang an von dem Gedanken aus, Drahtbahnen, wie er sie damals nannte, überall da zu verwenden, wo es sich um die Förderung von kleineren Einzellasten handelte. Er erkannte von vornherein den grundsätzlichen Unterschied zwischen der bodenständigen Bahn, die in Bezug auf die Einzellast unbegrenzt ist, da ihr Gleis auf einer starren Unterlage der ganzen Länge nach aufruht und selbst unveränderlich und starr ist, höchstens in geringerem Maße auf Biegung in Anspruch genommen werden kann, und der Luftbahn, deren Gleise aus einem nur auf Zug in Anspruch zu nehmenden Maschinenelement, eben dem biegsamen Seil oder Draht besteht. Er rechnete mit den Eigenarten dieses Elementes sofort, indem er zunächst einmal dafür sorgte, die Längenausdehnungen, die bei allen bisherigen Luftbahnen eine so unheilvolle Rolle gespielt hatten, unschädlich zu machen. Er war der erste, der darauf hinwies, dass das, das Gleise bildende Tragseil überhaupt mit Ausnahme seines einen Endpunktes keine starre Befestigung in der Längsrichtung erhalten dürfe, ja dass unter Umständen sogar diese fortfallen kann, wenn das horizontal liegende Seil durch sein Eigengewicht in seiner Lage gehalten wird. Infolgedessen legte er auch seine Laufbahnen, die er ursprünglich sowohl aus Drahtseilen, wie auch Rundeisen herstellte, derart an, dass sie an einem Ende starr befestigt, an dem anderen Ende durch ein unbegrenzt freispielendes senkrecht hängendes Gewicht belastet *(Abb. 65)*, lediglich durch ihr Eigengewicht auf den verschiedenen Auflagerpunkten an den Stützen aufruhten, ohne dass sie sich bei normaler Belastung der einzelnen Spannweiten durch Wagen von den benachbarten Stützen abheben konnten, so dass das Tragseil in seiner ganzen Länge frei beweglich arbeiten konnte. Hierdurch

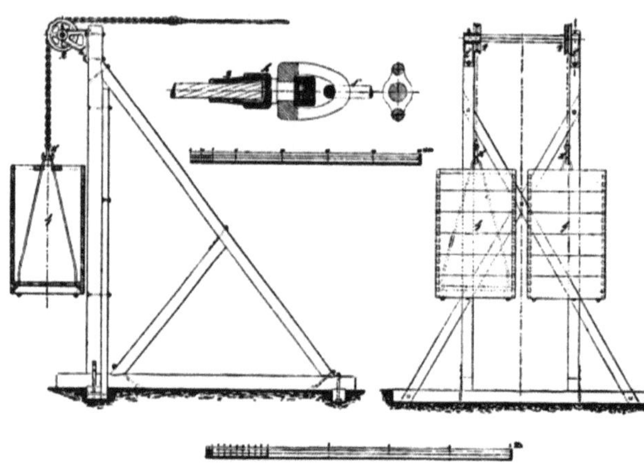

Abb. 65. Anspannung der Tragseile mittels frei hängender Gewichte und Kettenschlüssen an die Seile. Bleichert 1870 – 71.

war eine Beanspruchung des Seiles über die durch das Spanngewicht festgelegte hinaus unmöglich, es konnte deshalb der volle Seilquerschnitt in Bezug auf seine Bruchfestigkeit mit entsprechendem Sicherheitsgrad an jeder Stelle der Bahn ausgenützt werden.

Die ersten Ausführungen zeigen deshalb auch schon die charakteristisch ganz flach ausgekehlten nach oben offenen gusseisernen Auflagerschuhe der Seile an den Stützen oder leicht drehbare, flach gekehlte Rollen, auf denen sich die Seile beliebig in ihrer Längsrichtung verschieben konnten *(Abb. 66)*. Sodann wies Bleichert den Weg dazu, Drahtseilbahnen von ganz beliebiger Länge herzustellen. Während noch die berufenen Kritiker der Metzer Seilbahn zu dem Schluss

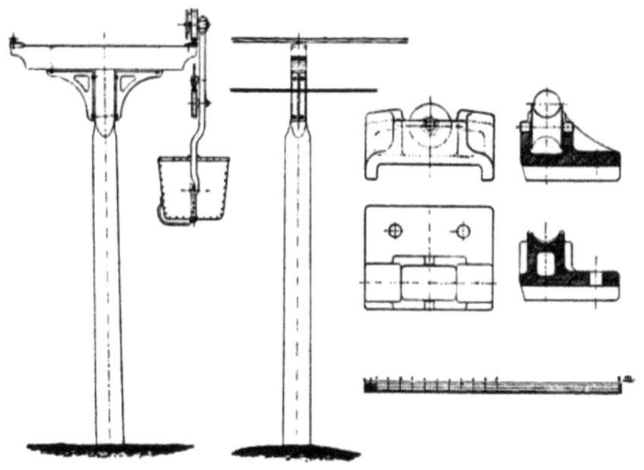

Abb. 66. Pfeiler und Auflagerschuh für die Tragseile. Bleichert 1870 – 71.

kommen konnten, dass sich Seilbahnen nur für ganz beschränkte Zwecke eigneten, und schon die Entfernung von 2 km der beiden Endpunkte voneinander für die Betriebssicherheit unzuträglich sei, gab Bleichert zunächst die Unterbrechung der aus Seilen bestehenden Fahrbahnen und die Verbindung der Unterbrechungsstellen durch feste Schienen an. Hierdurch erreichte er es, die verschiedenen Reibungsvorgänge zwischen Seil und Auflagerschuhen, die sich nach den örtlichen Verhältnissen ganz verschieden gestalten, auszugleichen, indem er in kürzeren Entfernungen, eben diesen örtlichen Verhältnissen entsprechend, seine Spanngewichte für die Tragseile anordnen konnte. Nachdem er so durch Festlegung bestimmter Regeln und unter Angabe ganz be-

stimmter Formeln, die sich sowohl auf den Seildurchhang
des Tragseiles, wie auf dessen Beanspruchung in seiner
Längsrichtung durch die Spanngewichte bezogen, für die
Allgemeinheit gültige Normen zur Herstellung fester Luft-
laufbahnen angegeben hatte, die Einzelheiten, namentlich
die Ausbildung der Auflagerschuhe in ihren verschiedenen
Kombinationen derart durchgebildet hatte, dass diese Konstruktionen heute noch als allgemeingültig angewandt werden, hatte er damit die Möglichkeit geschaffen, ohne Rücksicht auf irgendwelche Terraingestaltung diese Laufbahnen
anzuwenden, namentlich aber die bei der Metzer Bahn
noch so sehr gefürchteten Gegensteigungen und Gefälle im
Zuge einer Bahn ohne jede Schwierigkeit zu überwinden.

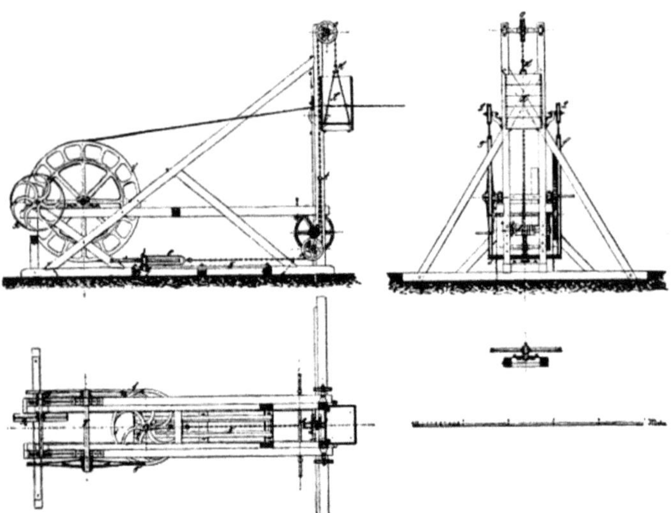

Abb. 67. Zusammengesetztes Antriebs- und Spannvorgelege
mit automatischer Spannung des Zugseils.

Es war hiermit erst eine vollkommene Unabhängigkeit von irgendwelcher Bodengestaltung erreicht worden, indem er die Laufbahn von dem Boden im wahrsten Sinne des Wortes loslöste und mit ihr die Hindernisse, die das Terrain natürlicherweise bot, überwand.

Weiter verwies er auf den Einfluss, den die einzelne Förderlast, die Geschwindigkeit derselben und der Abstand der Lasten voneinan-
der auf die Gestaltung der Stützeneinteilung ausübte, ging
dann grundsätzlich von der Benutzung einzelner Gleise mit

hin- und hergehendem Betrieb ab, um ein für alle Mal ein endloses Zugseil unter zwei parallel liegenden Laufbahnen zu verwenden.

Sämtliche Vorgänger Bleicherts hatten das endlose Zugseil mit zwangläufigen Spannvorrichtungen versehen, im Falle eine solche überhaupt vorhanden war. Die Folge hiervon war natürlich, dass entweder eine Überanstrengung oder ein den Betrieb unmöglich machendes Schlappwerden des Seiles eintrat. Bleichert konstruierte zunächst eine mit dem Antrieb verbundene kraftschlüssige Zugseilspannvorrichtung, wobei er einen Hauptwert darauf legte, die Größe des von dem Zugseil umschlungenen Bogens der Antriebscheibe in ein bestimmtes Verhältnis zur Zugseilspannung zu bringen, da die sich für gewöhnlich ergebende halbe Umschlingung zur Erzeugung einer genügenden Mitnehmerreibung nicht ausreicht. Er machte deshalb zuerst den Vorschlag, das Zugseil über zwei parallel liegende und gemeinsame Antriebsspannscheiben zu legen, von denen jedes halb umschlungen wurde, und die zwischen sich eine durch ein konstantes Gewicht belastete nach außen gezogene Spannscheibe trugen *(Abb. 67)*, um bei späteren Konstruktionen auf die mehrfach umschlungene mehrrillige Antriebsscheibe zu kommen. Hiermit erreichte er zunächst eine konstante Geschwindigkeit des Zugseiles bei den verschiedenen, im Betrieb einer Seilbahn unvermeidlichen und unveränderlichen Belastungen.

Eine der wichtigsten Neuerungen, die dem System Bleichert erst den Charakter einer wirklichen Erfindung verlieh, bestand darin, dass er das Zugseil nicht, wie bei den bisher bekanntgewordenen Systemen auf verschiedenen Unterstützungen innerhalb der Drahtseilbahnlinie laufenließ, sondern dass es, wie sich aus der Patentschrift ergibt, auf der ganzen Bahnlänge durch die Förderwagen selbst, die sich in gewissen regelmäßigen Zwischenräumen folgen, getragen wird.

Während Dücker bei seinen sämtlichen Ausführungen und Veröffentlichungen bis auf die Metzer Bahn noch den Gedanken verfolgte, die Wagen entweder mit größeren Einzellasten zu beladen oder sie zu Zügen zusammenzukuppeln – die Zeichnungen und Beschreibungen aus Glückauf und Deutsche Bauzeitung lassen dies mit aller Deutlichkeit erkennen –, schlug Bleichert schon vor der Ausführung der vorerwähnten Metzer Bahn, schon bei der Bearbeitung seines Systems im Jahr 1870/71 eine kontinuierliche Wagenfolge vor, bei der sich die Wagen in gewissen größeren, deren Transportleistung der Bahn angepassten Abständen ohne jede Unterbrechung folgen sollten. Er ging hier von der Erwägung aus, die Luftbahnen nicht etwa eine Konkurrenz der Standbahnen, wohl aber eine Ergänzung derselben werden zu lassen, bei der aber das den Standbahnen eigentümliche Prinzip der Förderung schwerer Lastzüge fallengelassen werden musste, ohne dass die spezifische Leistung verringert werden durfte. Konnte man große Lastzüge, die sich in langen Zeiträumen folgen, auf der Luftbahn nicht befördern, so musste man die großen Massenlasten der Züge in kleine Einzellasten auflösen, die sich nicht intermittierend oder periodisch, sondern kontinuierlich folgten, und damit wurde dem neuen Seilbahnsystem erst sein wahrer Charakter aufgeprägt. Es ist zweifellos, dass zur Ausarbeitung dieses Systems die Ideen Hodgsons, die ja in der Einseilbahn ein ähnliches Prinzip verfolgten, in weitgehendem Maße Verwendung gefunden haben; ihre Übertragung auf das Zweiseilbahnsystem in der soeben erwähnten Form des Tragenlassens des Zugseiles auf der ganzen Bahnlänge von den Wagen ist jedoch eine zweifellose Neuerung Bleicherts.

War somit Laufbahn und Bewegungselement in eine konstruktiv allgemeingültige Form gebracht worden, so handelte es sich zunächst noch darum, die Lastaufnahmegefäße, die Wagen, dem neuen Zwecke anzupassen. Die bis dahin übliche Form der Wagen, wie sie von Dücker ausgeführt war, und wie sie Hodgson in seinem Patent darstellte, konnte natürlich den Anforderungen, die an eine dauernd arbeitende Seilbahn zu stellen waren, nicht genügen, hatten sie, wie schon darauf hingewiesen wurde, doch den ferneren Zweck, die Führung bzw. Unterstützung für das eigene Zugseil zu bilden. Da aber außerdem Bleichert sofort die Überwindung größerer Steigungen und Gefälle im Zuge ein und derselben Bahn ins

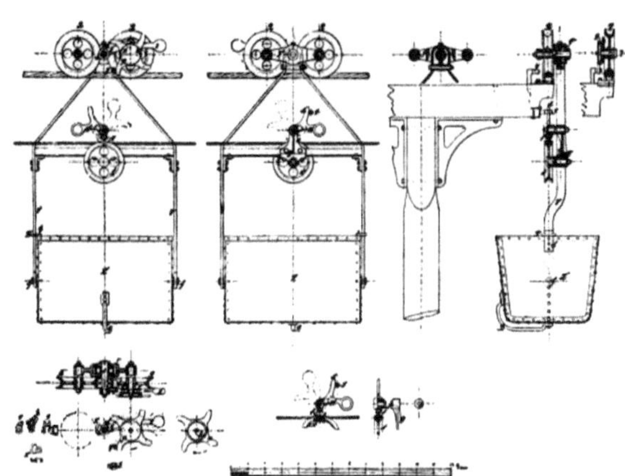

Abb. 68. Seilbahnwagen nach Vorschlag Bleicherts von 1872 – 73 mit Exzenterfriktionskupplung.

Auge fasste, mussten die Wagen derart konstruiert sein, dass sie auf ganz steilen Bahnanlagen noch nutzbar blieben, und dass namentlich die Kästen immer unabhängig von den Laufrollen in der Schwerpunktebene der Laufbahn frei pendeln konnten. Es musste also das Gestell oder das Gehänge, das den Kasten trug, vollständig unabhängig von den Laufrollen der Wagen gemacht werden. Die konstruktive Durchbildung, die Bleichert in seinem Förderwagen gab, ist dieselbe, die noch heute Verwendung findet *(Abb. 68)*. Sie bestand darin, dass auf dem Tragseil ein kleiner Wagen läuft, der aus zwei durch Traversen verbundenen Hohlrädern besteht; diese Traversen tragen in der Mitte zwischen beiden Rädern einen seitlich herausragenden Zapfen, an dem das Wagengehänge, ein nach unten offener Bügel, in der Laufrichtung der Wagen pendelnd aufgehängt ist. In dem Bügel liegt der mit Stirnzapfen versehene Wagenkasten, der senkrecht zur Laufrichtung kippbar angeordnet ist, was dadurch geschieht, dass die Stirnzapfen in oder nahe der Schwerpunktachse des beladenen Kastens angeordnet sind.

Da Bleichert bei der Konstruktion seiner Drahtseilbahn von Anfang an mit sehr großen Förderleistungen rechnete – er erwog schon bei seinen Entwürfen Tagesförderungen von 500 Tonnen und noch mehr –, war es selbstverständlich, dass der dauernden und sicheren Verbindung der Wagen mit dem Zugseil sein nächstes wichtigstes Augenmerk gelten musste. Er war es, der auch zuerst auf eine selbsttätig wirkende Verbindung zwischen Wagen und Zugseil hinwies und mehrere Kupplungsvorrichtungen nach konstruktiv durchgearbeiteten Ideen zur Ausführung brachte. Da bei den vorgenommenen Leistungen von Anfang an mit einer regelmäßigen Wagenfolge von herunter bis zu 30 Sekunden bei mindestens 1 m Geschwindigkeit zu rechnen war, kam es sehr wesentlich darauf an, die beim plötzlichen Ankuppeln des bei der Beladung stillstehenden Wagens an das ständig laufende Zugseil notwendigerweise entstehenden Stöße möglichst zu vermeiden. Es musste also eine Vorrichtung geschaffen werden, die, wenn irgend angängig, während des Laufens der Wagen absolut sicher geschlossen werden konnte, derart, dass die Wagen mit der Hand angeschoben, unter das Zugseil geführt und mit diesem im selben Moment annähernd stoßfrei verbunden werden konnten. Diesem Grundgedanken entsprach die von Bleichert zuerst ausgeführte Exzenterfriktionskupplung, bei der, nachdem der Wagen seitlich an das Zugseil herangeschoben war, dieses sich auf eine mit dem Gehänge verbundene Tragrolle auflegte, auf der es sich, ohne irgendwelche schleifende Wirkung auszuüben, auch bei dem Stillstand der Wagen in den Stationen als Leitrolle fortbewegen konnte. Zum Anklemmen diente ein über der Leitrolle drehbar angeordnetes Exzenterstück mit Gegengewichtsbelastung, das nur einfach herumzuschlagen war, und das infolge der Reibungsreaktion des Seiles sich fest gegen dieses presste, so dass letzteres zwischen Leitrolle und Exzenter unverrückbar eingeklemmt war. Ohne Rücksicht auf die jeweilige Zugrichtung sowohl beim Befahren von Steigungen, wie von Gefällen musste diese Verbindung eine vollkommen sichere sein, je größer der Zug des Seiles, namentlich bei Steigungen oder Gefälle, um so stärker die Klemmwirkung. Die Lösung des Seiles vom Wagen erfolgt dann einfach dadurch, dass der Exzenter mit einer hervorstehenden Nase an einen in der Station fest angebrachten Anschlag stieß, der es aus dem Seil heraushob. Hiermit war die Möglichkeit gegeben, die Wagen in beliebig kurzer Folge in der Aufgabestation auf das Tragseil aufzugeben, und sie auch wieder in der entsprechend kurzen Folge in der Ankunftsstation von dem Seil abzunehmen.

Waren somit Laufbahn, Bewegungselement und Lasttransporteinrichtung, mit anderen Worten die Tragseile, das Zugseil und die Wagen in eine Form gebracht worden, die sie dem neuen Zweck unter den verschiedensten Bedingungen dienstbar machten, so musste es sich zur Vervollständigung der Idee des kontinuierlichen Betriebes mittelst der in gleicher Entfernung voneinander sich dauernd bewegenden Wagen darum handeln, die Überführung der Fuhrwerke von einem Seil auf das andere in den Stationen oder zwischen denselben zur Durchführung zu bringen. Wohl hatte König schon auf eine Konstruktion verwiesen, und eine solche auch zur Ausführung gebracht, bei der die Leerwagen

auf einem Seil und die beladenen Wagen auf dem anderen
Seil zu befördern waren, doch war es ihm nicht gelungen,
eine Konstruktion zu finden, die Wagen unmittelbar von der
einen auf die andere Station überzuleiten, sie mussten vielmehr umgehängt werden. Auch Dücker hatte auf die Verwendung von zwei Seilen zur Erhöhung der Transportleistung hingewiesen, aber keinerlei ausführbare Konstruktion
angegeben, wie die Wagen in ununterbrochener Reihenfolge
von einem Seil auf das andere überzuführen waren. Zurzeit,
als Bleichert seine ersten Vorschläge über Drahtseilbahnen
machte, 1870 / 71, war die Metzer Bahn, die eine derartige Einrichtung enthielt, noch nicht in Angriff genommen,
konnte ihm also auch nicht bekannt sein, ebenso wenig wie
das Geheimprivi-
legium von Obach,
das zwar, wie auch
das von Karras,
in ganz skizzen-
hafter Weise auf
die Überführung
der Wagen von ei-
nem Seil auf das
andere hinweist,
eine Ausführungs-
form dafür jedoch
nicht angibt. Auch
hier war wieder
Bleichert auf sei-
ne eigene Arbeit
zur Lösung dieser

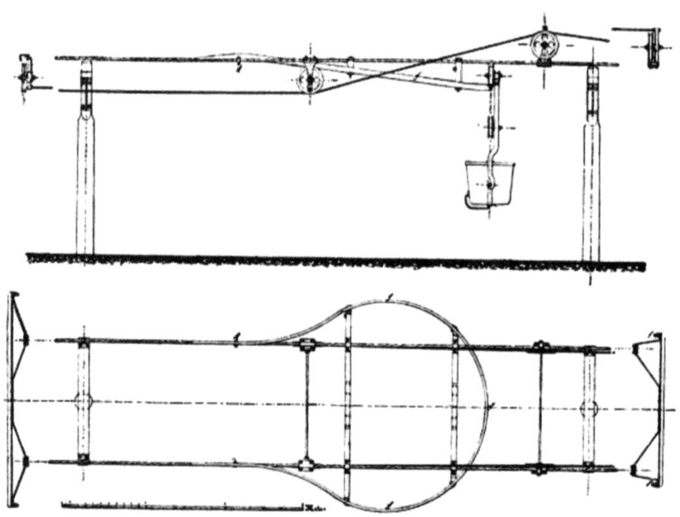

Abb. 69. Überführung der Wagen von einem Seil auf das
andere mit Hilfe einer an beliebiger Stelle einzubauenden
Umführungsweiche. Bleichert 1871.

Aufgabe angewiesen, und er schlug folgende Ausführungsform vor, die ebenfalls noch bis heute typisch für die ganze Drahtseilbahnindustrie geblieben ist. Sie besteht in der.

Hauptsache aus einer **U**-förmig gebogenen Flacheisenschiene *(Abb. 69)*, deren beiden Enden zungenförmig mit einer unteren Aushöhlung ausgebildet sind. Diese beiden Zungen legen sich auf die Tragseile auf, so dass die auf dem einen Tragseil ankommenden Wagen auf die hier liegende Zunge auflaufen müssen. Da jedoch die Schleife, die das Flacheisen oder die Hängeschiene, wie sie jetzt genannt wird, bildet, einen größeren Durchmesser besitzt, wie die Entfernung der beiden Tragseile voneinander, wird der Wagen seitlich nach außen abgelenkt und aus dem Bereich des Tragseiles herausgeführt, während gleichzeitig das Zugseil durch Anordnung entsprechender Führungsrollen ebenfalls aus dem Bereich der Zugseilklemme, die sich mittlerweile selbsttätig gelöst hat, herausgeleitet wird. Hierdurch wird es nun möglich, den auf der Hängeschiene stillstehenden Wagen mit der Hand je nach Anordnung der Hängeschiene entweder unter den beiden horizontal laufenden Tragseilen hindurch oder um deren Enden herum nach dem anderen Tragseil hinüberzuschieben. Bleichert gab diese Anordnung nicht allein für die Endstationen an, sondern schlug sie auch als transportable Weiche derart vor, dass sie an einem beliebigen Punkt der Bahn eingebaut werden kann, um so auch Zwischenstationen zu schaffen.

Die Drahtseilbahnkonstrukteure vor Bleichert, mit Ausnahme von Hodgson, waren stets von dem Gedanken ausgegangen, Seilbahnen nur in geraden Linien zu führen. Die Anlage einer Kurve im Zuge einer kontinuierlich betriebenen Bahn war bis dahin überhaupt noch nicht in Erwägung gezogen worden. Aber auch diese Möglichkeit hatte Bleichert ins Auge gefasst, ehe er mit seinen Vorschlägen an die Öffentlichkeit trat, indem er seine selbsttätige Kurvenumführung konstruierte. Allerdings konnte dies dem damaligen Stande der Technik entsprechend noch keine Kurve mit selbsttätiger Umfahrung der Wagen sein. Die Lösung der Frage der selbsttätigen Kurvenumfahrung ließ dann auch noch über 25 Jahre auf sich warten. Die Ausführung der Kurve schlug er so vor *(Abb. 70)*, dass die eigentliche Laufbahn für die Förderwagen in der Kurve nicht durch das Laufseil, sondern durch eine besondere Weichenschiene, eine Flacheisenschiene gebildet wurde, die mit ausgekehlten Zungen in derselben Art wie die Stationsweichenschiene sich auf die Laufseile anlegte, jedoch so, dass sich diese unbehindert unter ihr durchbewegen konnten. Das Zwischen-Verbindungsstück wurde dann durch entsprechend angeordnete Konsole getragen, während das bewegte Zugseil sich durch Leit- und Tragrollen in dem Winkel führt. Die ankommenden Wagen sollten sich vor der Kurve mit Hilfe eines der bekannten Anschläge entkuppeln, um dann, von einem Arbeiter über die Laufschiene zu dem anderen Ende geführt, um dort wieder mit dem Zugseil gekuppelt zu werden.

Abgesehen von diesen Neuschöpfungen mehr allgemeiner Natur mussten natürlich auch noch kleinere Einzelheiten, sonst allgemein gebräuchliche Maschinenelemente dem besonderen Zweck angepasst werden. Eine sehr brennende Frage, vielfach im wahrsten Sinne des Wortes, war die Schmierung der Laufzapfen für die Wagenräder, da diese eigentlich jeder Aufsicht und Wartung entzogen, sich draußen auf der freien Strecke befinden, ein Festbrennen derselben daher von unheilvollem Einfluss auf den Gang der ganzen Bahn sein konnte. Fast zur selben Zeit, wie Bleichert seine Drahtseilbahn, hatte Stauffer in Köln seine Schmiervorrichtungen mit Druckschrauben erfunden, mit Hilfe deren er konsistentes Fett in sonst unzugängliche Maschinenteile hineinzupressen imstande war. Bleichert einigte sich sofort mit dem Erfinder zur gemeinsamen Ausnutzung dieser Erfindung und brachte sie schon sehr bald bei seinen Drahtseilbahnen an, indem er zunächst die Naben der Laufräder mit entsprechenden Aushöhlungen versah, dann aber die Laufzapfen selbst aushöhlte und sie als Behälter für das Schmiermaterial ausbildete, eine Konstruktion, die heute noch, nach über 30 Jahren ganz allgemein üblich geblieben ist.

Bei alledem darf nicht übersehen werden, dass diese große allgemeine Aufgabe noch eine andere Seite hatte, wie die der rein technischen Lösung in Bezug auf die Konstruktionen, die nur dem Zweck des Betriebes zu dienen hatten, es war das die Rücksicht auf die fabrikmäßige Herstellung. Bleichert war keinen Moment zweifelhaft darüber, dass ein

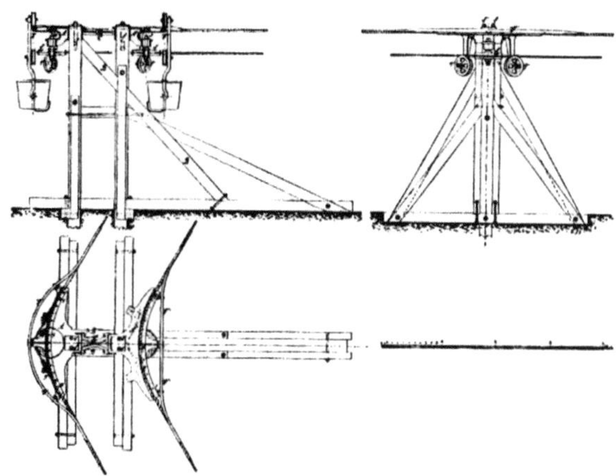

Abb. 70. Kurvenbefahrung bei Zweiseilbahnen nach Angaben Bleicherts, 1872.

wirklich verbessertes und sachgemäß durchkonstruiertes System von Drahtseilbahnen sich ein sehr umfassendes Anwendungsgebiet erwerben müsse, und dass infolgedessen die Rücksicht auf die Billigkeit der Herstellung eine große Rolle zu spielen habe.

Die bis dahin gebauten Bahnen waren immer noch nur handwerksmäßig zusammengebaute Einzelausführungen ohne vorbildlichen Wert, die vielfach noch unter Zuhilfenahme primitiver Holzkonstruktionen hergestellt waren. Zur fabrikmäßigen Herstellung gehörte aber vor allen Dingen einmal die Formgebung für die allein in Betracht kommenden Materialien, Eisen und Stahl, schon allein mit Rücksicht auf die von den Vorgängern Bleicherts noch fast gar nicht erkannten Beanspruchungen, denen die Einzelteile einer Seilbahn unterworfen sind. Die Formen, die Bleichert seinen Konstruktionen gab, sind seit dieser Zeit typisch für den ganzen Seilbahnbau geblieben.

Nachdem es nun durch Sammlung aller bis dahin gemachten Erfahrungen und durch die vorbeschriebene umfangreiche Erfindertätigkeit gelungen war, die Drahtseilbahn, die hiernach zweifellos in der so bearbeiteten Form die Bezeichnung des System Bleichert verdient, theoretisch und rechnerisch festzulegen, nachdem ferner bereits an Hand vorliegender Einzelaufgaben entsprechende Projekte durchgearbeitet waren, wurde unverzüglich der Bau der ersten Anlagen in Angriff genommen. Bleichert trat im April 1872 von der Maschinenfabrik Martin in Bitterfeld (woselbst er seinen späteren Sozius und Mitarbeiter Th. Otto hatte kennengelernt), zur damals neu gegründeten Halle-Leipziger Maschinenbau-Aktien-Gesellschaft in Schkeuditz als technischer Dirigent über, da ihm in Bitterfeld keine Gelegenheit geboten war, die schon dort fertig ausgearbeiteten Vorschläge zu seinem Drahtseilbahnsystem auch zur Ausführung zu bringen.

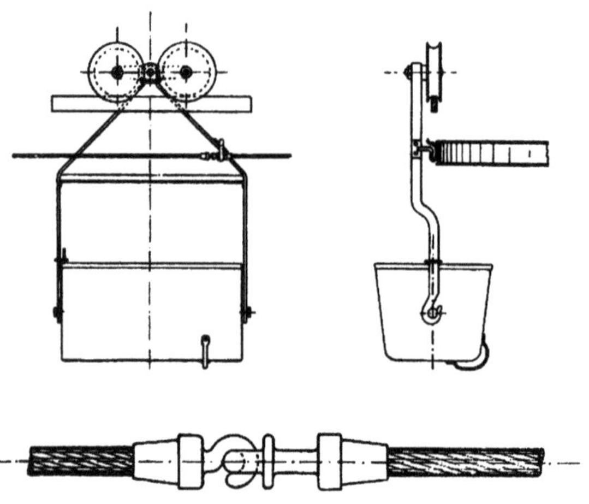

Abb. 71. Laufwerk, Knotenseil und Gehängeschenkel mit Einlagehaken der Teutschenthaler Drahtseilbahn. Bleichert 1872 – 73.

Er konnte in Schkeuditz sofort mit seinen fertig durchgearbeiteten Vorschlägen hervortreten, und nach einigen Schwierigkeiten innerhalb der inneren Verwaltung entschloss sich auch die Gesellschaft, den Bau einer Drahtseilbahnanlage in Teutschenthal bei Halle für die damalige Solaröl- und Paraffinfabrik in Angriff zu nehmen *(s. S. 161)*. Die Projekte zu dieser Seilbahn wurden auf Grund der Aufnahme der örtlichen Verhältnisse noch im Jahr 1872, teilweise Anfang 1873 ausgearbeitet, wie sich aus einem Entwurf zu einem Kostenanschlag, der die Unterschrift Bleicherts trägt, und der vom März 1873 datiert ist, ergibt. Die Bahn wurde im Laufe des Jahres 1873 gebaut und war zu Anfang des Jahres 1874 fertig, so dass sie im April desselben Jahres schon in Betrieb gesetzt werden konnte. An dieser Bahn, deren Laufbahn aus zusammengeschweißten Rundeisen bestand, waren schon alle diejenigen Vervollkommnungen angebracht, die Bleichert in seinen Vorentwürfen vorgeschlagen hatte. Sie stellten ein nach diesen Vorschlägen durchgearbeitetes zusammengehöriges Ganzes dar; lediglich die Verbindung zwischen Zugseil und Wagen war bei den ersten Versuchen noch nicht nach dem System der selbsttätigen Exzenterfriktionskupplung durchgeführt. Vielmehr wurde zunächst ein Knotenzugseil verwandt, das aus einzelnen Stücken mit dazwischengesetzten schmiedeeisernen Wulsten bestand *(Abb. 71)*. Dieses Seil legte sich in an das Wagengehänge angebaute eigentümlich gestaltete Haken ein. Das Kuppeln bzw. Entkuppeln erfolgte durch Heben und Senken des Seiles in den Stationen. Hiermit war aber gleichzeitig die Grundlage gegeben für die Ausbildung der späteren Muffenkupplungsapparate und der Muffenzugseile, die in den späteren Jahren eine weitere Vervollständigung der Erfindung Bleicherts bilden sollten. Erst nach den Versuchsfahrten wurde die Teutschenthaler Bahn mit den Exzenterfriktionskupplungen versehen. Dieser erste Erfolg ermutigte Bleichert, aus der dann in Liquidation tretenden Halle-Leipziger-Eisengießerei und Maschinenfabrik auszuscheiden und nunmehr den Bau von Drahtseilbahnen auf eigene Faust zu unternehmen. Noch im Jahr 1873 verließ er diese Gesellschaft, um sich Anfang des Jahres 1874 gemeinsam mit seinem Mitarbeiter Otto, der ihm schon als Betriebsingenieur in Teutschenthal zur Seite gestanden hatte, in Leipzig auf den Bau von Drahtseilbahnen zu werfen. Die zunächst in Angriff genommene Bahn sollte ausschließlich weiteren Versuchszwecken dienen, sie wurde für die Ziegelei Brandt in Gohlis bei Leipzig erbaut, und an ihr wurden nicht allein die Erfahrungen, die bei der Teutschenthaler Anlage gesammelt werden konnten, verwertet, sondern auch alle

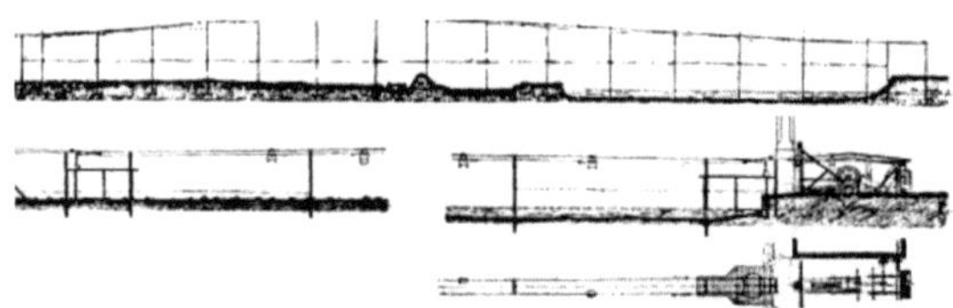

Abb. 72. Bleicherts Drahtseilbahn der Brandtschen Ziegelei in Gohlis von 1874.

weiteren Vervollkommnungen, die dem ganzen System ihren Stempel aufdrücken sollten, angebracht und erprobt, sie bildete somit den Ausgangspunkt für die ganze heute über die gesamte Welt verbreitete Drahtseilindustrie überhaupt *(Abb. 72)*.

Die Ideen dieses genialen Erfinders hatten sich schon nach ihren ersten Ausführungen glänzend bewährt und damit der Welt ein neues Verkehrsmittel geschenkt.

Die Drahtluftbahn in Teutschenthal bei Halle a. d. S.

ILLUSTRIRTE ZEITUNG • 26.9.1874

Wohl besorgen oder vermitteln die Eisenbahnen die Beförderung von Gütern und Lasten auf den großen Verkehrsstraßen mit einer Schnelligkeit und Sicherheit, welche allen gerechten Anforderungen entspricht, wohl werden fortwährend neue Eisenbahnlinien gebaut und dadurch die Zahl solcher belebender Verkehrsstraßen beständig vermehrt. Trotzdem wird es nicht möglich sein, alle Gegenden und Ortschaften in das immer dichter werdende Netz der Schienenwege einzuschalten und die Eisenbahn allen Privatinteressen dienstbar zu machen. In solchen Fällen nun, wo die Herstellung einer Eisenbahnverbindung aus irgendwelchen Gründen nicht möglich oder nicht genügend rentabel ist, musste daher, um mit der Zeit fortzuschreiten, notwendigerweise an die Herbeischaffung irgendeines entsprechenden Ersatzmittels gedacht werden. Dass ein solches Ersatzmittel bereits gefunden und praktisch ausgeführt worden ist, beweist uns die Drahtluftbahn in Teutschenthal. Wir begrüßen diese Tatsache mit aufrichtiger Freude, denn durch die Drahtluftbahnen wird die Industrie an vielen Orten einen neuen segenbringenden Aufschwung erhalten. Was die Eisenbahnen bereits für die Allgemeinheit sind, das werden die Drahtluftbahnen für die Privatinteressen wahrscheinlich in kurzer Zeit werden. Die Drahtluftbahnen dienen zur Ergänzung des Eisenbahnwesens und haben vor diesem den Vorzug, dass sie überall möglich, überall mit verhältnismäßig geringen Kosten und auch in

kleinerem Maßstab herstellbar sind und fast kein Terrain
beanspruchen, sondern über Felder, Wiesen, Straßen und
Flüsse sich spannen lassen.

Die ursprüngliche Idee zur Herstellung solcher Luftwege ist übrigens älter als die der Eisenbahn. Schon im Jahr
1644 benutzte der holländische Ingenieur Adam Wybe in
Danzig ein vom Bischofsberg über den gegenüberliegenden
Stadtgraben gespanntes Seil zur Beförderung von Erde; in
ähnlicher Weise wurden seitdem, namentlich in Amerika,
derartige Seilbahnen aufgestellt, um Lasten, z. B. Erze oder
Kohlen, über Flüsse und Taleinschnitte zu befördern. Auch
in Südtirol wurde im Jahr 1857 ein Drahtseil gespannt, um
an demselben vermöge seines Eigengewichts Holz aus hoch-

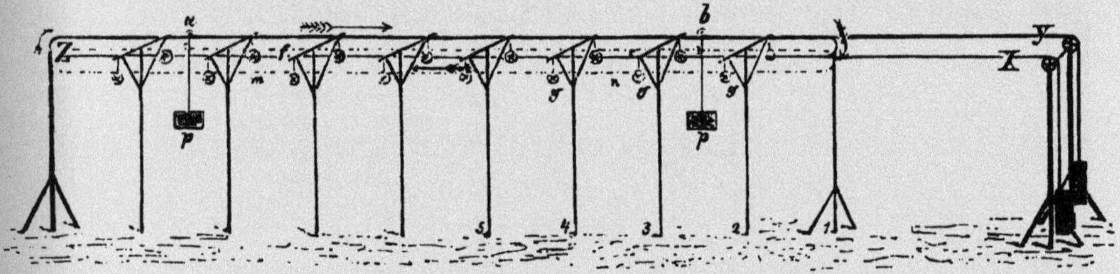

Abb. 73.   gelegenen Waldungen niedergleiten zu lassen. Alle diese
Anlagen waren jedoch mehr oder weniger unvollkommen
und vergänglich, und so blieb es denn unserer Zeit vorbehalten, dieser Idee Lebensfähigkeit zu geben.

Zu den am besten konstruierten Drahtluftbahnen unserer Zeit gehört unstreitig die in Teutschenthal nach dem
System des Ingenieurs Bleichert in Schkeuditz ausgeführte.
Dieselbe wurde für die Vereinigte sächsisch-thüringische
Paraffin- und Solarölfabrik zu Teutschenthal angelegt, um
den Transport der Braunkohlen von der Grube bis zu den
Teerschwelereien zu bewirken. Sie erstreckt sich auf eine
Länge von 740 m und wird von Säulen getragen, die in Abständen von 15 – 18 m aufgestellt sind. Auf derselben laufen

36 Förderwagen mit einer Geschwindigkeit von 3 m/s. Nach je 45–50 Sekunden wird ein Förderwagen gefüllt, und je eine Füllung beträgt 165 kg Kohlen, also bei 10-stündiger Arbeitszeit täglich 132 t Kohlen auf dieser Bahn transportiert werden. Die Bahn überschreitet außer zwei Kommunikationswegen eine Chaussee und erreicht stellenweise bei einer Steigung von 1:28 eine Höhe von 10 m. Die Förderungskosten betragen mit Ein-und Ausladen der Förderwagen weniger als ein Drittel früheren Transportkosten per Achse. Dabei sind Witterungszustände ohne Einfluss auf den Betrieb dieser Luftbahn.

Die vorstehenden tatsächlichen Angaben werden sicherlich genügen, um das Interesse für die nun folgende kurze

Abb. 74.

Beschreibung dieser Bahn, zu deren Verdeutlichung unsere Abbildungen dienen, anzuregen. Die *Abb. 73*, welche zunächst zur Erläuterung des Systems dient, lässt deutlich erkennen, dass die Bahnlinie von X ausgehend nach Z und von da nach Y zurückläuft. Die beiden Linien XZ und ZY laufen, fest gespannt, parallel nebeneinander in einer Entfernung von 125 cm. Diese Linien werden gebildet von einem 30 mm starken festen Rundeisenstab, auf welchem sich an Rollen hängend die Förderwagen pp bewegen. Zur Vermittlung dieser Bewegung dient ein schwaches Drahtseil ohne Ende, welches durch die punktierte Linie mnf angedeutet ist und auf den Rollen ggg aufliegt. Durch eine Lokomobile wird das Drahtseil in der durch die Pfeile angedeuteten Richtung

in kreisender Bewegung erhalten und zieht die Förderwagen, wenn dieselben an dem Seil befestigt, worden, mit sich
fort. Das Ganze wird durch die Holzsäulen *1, 2, 3, 4, 5...* in
der Luft schwebend erhalten. Bei *a* wird die Last aufgeladen
und nach *b* befördert; von *b* gehen die Wagen leer über *Z*
zurück nach *a*.

Nach dem Gesagten werden nun auch unsere speziellen
Abb. 74 u. 75 leicht verständlich sein, um so mehr, als bei
denselben wieder die nämlichen Buchstaben zur Bezeichnung der einzelnen Hauptbestandteile benutzt worden
sind. Wir sehen jetzt (in *B*) die Lokomobile *S*, welche das
Drahtseil *m n* vermittels der Seilräder *r t* und *u* in kreisende
Bewegung versetzt. Dieses Drahtseil ist zusammengesetzt

Abb. 75.　aus einzelnen Stücken, welche durch eine Art von Gliedern
oder Gelenken in solider Weise miteinander zum Ganzen
verbunden sind. An diesen Gelenken befindet sich eine Vorrichtung, um mittels eines S-Hakens die Förderwagen bequem einhängen zu können, wenn sie fortbewegt werden
sollen, oder um sie auszuhängen, wenn sie zum Behuf der
Füllung oder Entleerung aus der Zirkulation ausgeschaltet
werden sollen. Die beiden *Abb. 76 u. 77* lassen erkennen,
wie der **S**-Haken mit dem Knoten im Seil über die Rollen
gleitet, wie die Laufräder auf dem Rundeisenstab gehen und
wie überhaupt der Kopf der Förderwagen sowie der Säulen
beschaffen ist. Die Rollen oder Laufräder, die auf dem Rundeisenstab gehen, tragen den Förderwagen nur einseitig, wo-

durch das Überschreiten der Unterstützungspunkte ermöglicht wird.

Zur Anspannung des Rundeisenstabs an dem einen Ende bei *X* und *W* dienen entsprechende Ketten *(s. Abb. 75)*, welche über die Rollen *hh* laufen und die Spanngewichte *kk*, d. h. zwei mit Steinen gefüllte große Kästen tragen. Bei der ersten Endstation *a*

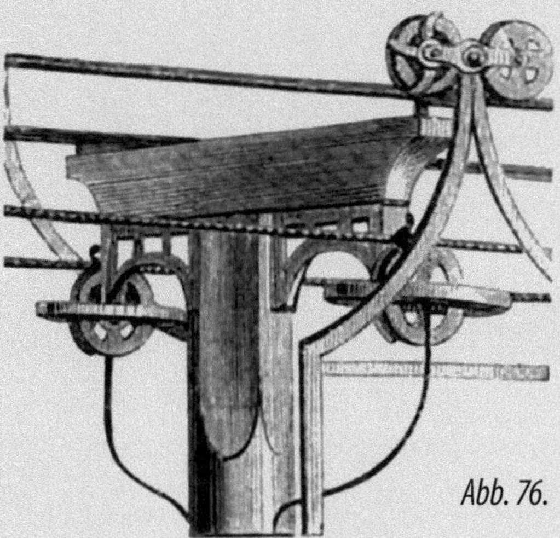

Abb. 76.

(*Abb. 74*) wird der Rundeisenstab durch das Gerüst *ZZ* gespannt. Auf dieser Station *a* wird die Last von einer Kohlenbühne aus aufgegeben; ein Arbeiter hängt dann den Wagen ein, und so geht der Wagen allein fort bis zur Station *b* (*Abb. 75*), wo er ausgehängt und in der Art ausgeschüttet wird, dass die Kohle durch einen Schlot auf einen untergestellten Wagen fällt. Der entleerte Förderwagen *p* wird nun von einem Arbeiter um die Wendestation *d* herumgeschoben, wieder aufgehängt und geht nun leer zurück, um die sogenannte Drehbahn *W* (*Abb. 74*) wieder nach *a*, wo er von neuem gefüllt wird, um denselben Kreislauf durchzumachen.

Zurzeit wird in der Nähe von Gohlis bei Leipzig eine ähnliche Drahtluftbahn, ebenfalls nach dem System des Ingenieurs Bleichert, aufgestellt, welche nächstens in Betrieb kommt. ❑

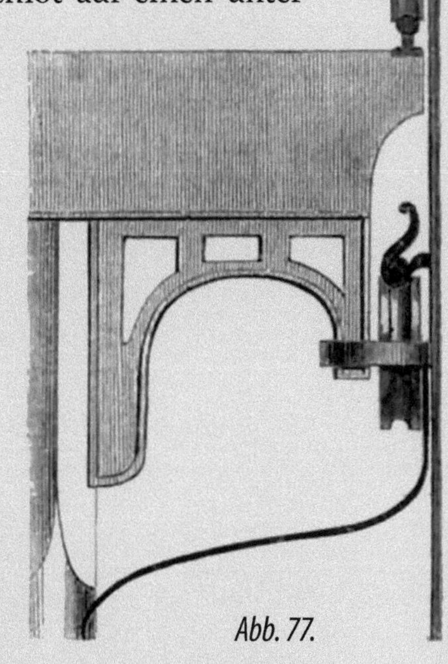

Abb. 77.

Schlusswort

Es möge nun hier die geschichtliche Entwicklung der Drahtseilbahnen, so weit sie als System in Frage kommen, verlassen werden. Die in einem weiteren Menschenalter gemachten Erfindungen und Verbesserungen konnten an dem grundlegenden Wesen dieser Systeme nichts mehr ändern, sie mussten sich auf Vervollkommnung der Einzelteile in praktischer Beziehung, vielfach auch noch mit Rücksicht auf eine weiter ausgebildete Massenfabrikation beschränken. Sie mussten sich den anderen großen Erfindungen anpassen, die eine vollständige Umwälzung in der Rohstoffherstellung – es sei nur an die Schaffung der vielen neuen Stahl- und Eisensorten in den letzten 30 Jahren erinnert –, in die Welt der Technik einführten. Mit der Vervollkommnung der Baustoffe musste natürlich eine Erhöhung der spezifischen Leistung der Drahtseilbahn erreichbar sein, wie sie auch tatsächlich erreicht worden ist, so dass heute die 1871 von Bleichert ins Auge gefassten Tagesleistungen von 500 Tonnen auf einer Bahnlinie sich um das Fünffache überschreiten lassen, nichts aber hat sich an den grundlegenden Ideen, die zur Schaffung der ersten Bleichertschen Bahnen geführt haben, geändert.

Nun noch ein Wort zu der Frage: Wer ist der Erfinder der heute allgemein angewandten Drahtseilbahn?

Nach der hier geschilderten geschichtlichen Entwickelung dieses Verkehrsmittels kann ein Erfinder im Sinne des ersten Schaffens und Erfassens der Idee überhaupt wohl kaum genannt werden. Erfinder ist wohl jeder, der aus dem Meere mechanischer Möglichkeiten diejenigen zum ersten Male herausfindet, die für sich allein, oder miteinander verbunden, einem neuen Zweck, einer neuen Wirkung dienen können, und damit sind auch alle, die an der Schaffung der ersten Seilbahnen beteiligt waren, vielleicht Erfinder zu nennen. Aber wie sich nicht allein die moderne Technik, sondern unser ganzes neuzeitliches Empfinden mehr und mehr spezialisiert, vielmehr, wie dies in früheren Zeiten der Fall war, Spezialbegriffe zu schaffen sucht, so auch in Bezug auf das Wort ›Erfinder‹.

Dücker hat sich, schon vordem Bleichert mit seinen Konstruktionen an die Öffentlichkeit trat, bitter darüber beschweren müssen, dass ihm auf seine Drahtseilbahnen kein Patent erteilt worden ist, trotzdem zu Anfang der 1860er Jahre die Neuheitsprüfung eine ganz minimale war. Trotzdem hat Bleichert auf die Zusammenstellung der Einzelheiten, die er zu seinem geschlossenen System vereinigen konnte, im Jahr 1877 unter der Herrschaft des neuen Patentgesetzes ein deutsches Reichspatent erhalten, nachdem ihm vor der Herrschaft des Reichspatentgesetzes schon die entsprechenden Landespatente erteilt worden waren. Die berufenen Sachverständigen der damaligen Zeit, die beruflichen staatlichen Organe haben demnach in dieser Zusammenfassung, in dieser Systemschaffung aus vielen Einzelheiten eine Erfindung in vollstem Umfange erblickt, so dass von ihnen hiernach Bleichert als der Erfinder, nicht der Drahtseilbahn an sich, sondern wohl der eines besonderen Systems, der in ihrer Zusammenfassung eine große Einheit bildenden Ausführungsformen zu gelten hat.

Dücker hat vielfach den Anspruch erhoben, er sei selbst der Erfinder der später nach Bleichert genannten Drahtseilbahn. Die genaue Beschreibung der Dückerschen Bahn und ihr Vergleich mit der von Bleichert erbauten ergibt schlagenderweise den Irrtum, der in dieser Ansicht liegt. Zu dieser Ansicht kam Dücker, dessen Bestrebungen und dessen Verdienste um die Einführung der Drahtseilbahnen in die Technik darum nicht geschmälert werden sollen, wohl vielfach aus mangelnder Kenntnis der Konstruktionen Bleicherts, denn noch zu Beginn der 1880er Jahre schreibt Dücker in einem Brief vom 21. Januar 1882, als er um seine Meinung über die Erfindungen Bleicherts angegangen worden war:

Dieser Irrtum, den hiermit Dücker auch noch schriftlich festlegt, dürfte wohl genügen, seine Ansicht über die Erfindungen Bleicherts verzeihlich erscheinen zu lassen.

Anders ist es jedoch mit der Fiktion, die häufig erscheint, der eigentliche Erfinder oder wenigstens Miterfinder der Drahtseilbahnen System Bleichert sei Otto. Richtig ist, dass Bleichert mit Otto zusammen die ersten Seilbahnen erbaute, auch etwa 2 Jahre mit ihm zusammen die Firma Bleichert & Otto in Leipzig betrieb, nachher aber ausschied, um Seilbahnen selbst weiter zu bauen. Bleichert erteilte ihm damals das Recht, lediglich für seine eigene Person die auf den Namen Bleichert lautenden Patente zur Erbauung von Drahtseilbahnen benutzen zu dürfen, und hieraus wurde vielfach die Folgerung abgeleitet, namentlich da Otto nach dem Austritt aus der Firma Bleichert & Otto die von ihm gebauten Bahnen ›Otto'sche Drahtseilbahnen‹ nannte, Otto sei an der Erfindung sehr wesentlich beteiligt, oder sei wohl gar der Erfinder selbst. An Stelle jeder weiteren Erörterung möge ein eigenhändiger Brief Ottos vom 12. Dezember 1874 hier Platz finden, der eindrücklicher wie jedes weitere Wort die Geschichte der Erfindung Bleicherts kennzeichnet.

schenthaler Drahtbahn gemacht werden. Herr Bleichert, welcher die Einleitung und die Vorarbeiten zu der Bahnanlage für Teutschenthal besorgte, auf Grund deren der Abschluss selbst stattfand, ließ nun unter seiner Leitung und nach seinen von ihm durchgearbeiteten Skizzen, die Zeichnungen zu dieser Anlage ausführen, wobei der Herr Kremer vollständig fern geblieben ist. Ich hatte die Arbeiten als Betriebsingenieur und auch später den Bau der Bahn in Teutschenthal selbst zu leiten und habe da bei gelegentlichen Besuchen des Herrn Kremer demselben wiederholt über verschiedene Anordnungen des Bahnsystems Auskunft erteilen müssen.

Im Mai 1874 verließ ich die Fabrik und war zu dieser Zeit die Teutschenthaler Drahtbahn fertig und auch schon probiert. Wie ich später bei einer gelegentlichen Besichtigung der Bahn gesehen habe, waren einige kleine praktische Veränderungen vorgenommen, welche jedoch in keiner Weise das System beeinträchtigen. Ich bin eventuell gern bereit, diese meine Aussagen an Eidesstatt zu bekräftigen.

Schkeuditz, den 12. Dezember 1874.

(gez.) Th. Otto, Zivil-Ingenieur.

Im Übrigen hat Otto selbst niemals behauptet, an den Erfindungen Bleicherts selbstschöpferisch tätig gewesen zu sein, auch noch bei späteren Gelegenheiten, so z. B. gelegentlich einiger Patentprozesse bei eidlichen Vernehmungen die Alleinarbeit Bleicherts in dieser Beziehung willig anerkannt.

Die geschichtliche Wahrheit, die heute, da noch viele Zeugen jener Erfindung leben, einwandfrei festgestellt werden kann, verlangt es aber, den Erfinder zu nennen, der es auch wirklich ist und das ist Bleichert!

Zur Geschichte der Berliner U-Bahnen

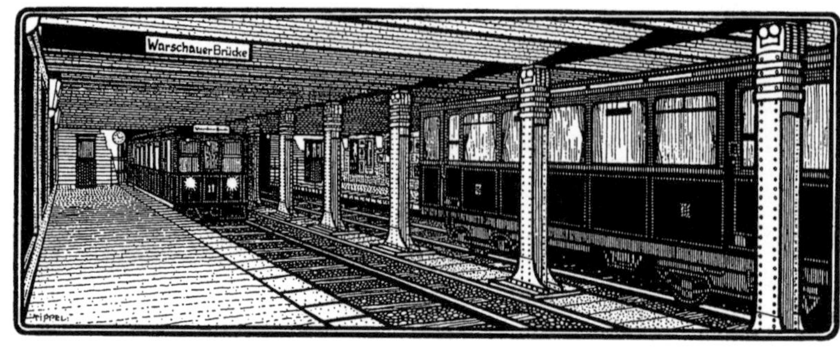

Fritz Eiselen • Albert Hofmann
Die elektrische Hoch- und Untergrundbahn in Berlin
Mit der Eröffnung der Berliner Hoch- und Untergrundbahn am 18. Februar 1902 fanden zehn Jahre Planung und Bau der ersten deutschen U-Bahn ihren vorläufigen Abschluss. Die damaligen Redakteure der ›Deutschen Bauzeitung‹ Fritz Eiselen und Albert Hofmann schildern die Arbeiten aus Sicht der Ingenieure und Architekten. Dabei gehen sie nicht nur auf die technischen Aspekte ein, sondern widmen sich auch der künstlerischen Ausgestaltung der Strecke und der Bahnhöfe. Zahlreiche Fotos und Zeichnungen illustrieren dieses Zeitdokument der Berliner Verkehrsgeschichte. **• ISBN 978-3-7528-9695-4**

Paul Wittig • Johannes Bousset • Gustav Kemmann • Alfred Grenander
Die Untergrundbahn nach Dahlem und Westend
Nach der Eröffnung der Berliner Hoch- und Untergrundbahn 1902 war das Interesse der gut situierten westlichen Berliner Vororte an einem Schnellbahnanschluss geweckt. Selbstbewusst und mit der Unterstützung finanzkräftiger Terraingesellschaften entwickelten die Städte Charlottenburg und Wilmersdorf Pläne für die Erweiterung der Berliner U-Bahn, wobei die Beteiligten teilweise sehr eigenwillige Vorstellungen zur Streckenführung hatten. In diesem Buch schildern ausgewiesene Experten in zeitgenössischen Original-Beiträgen die Entwicklung der Schnellbahnen vom Nollendorfplatz nach Ruhleben, Krumme Lanke und zum Kurfürstendamm zwischen 1906 und 1930. Mit rund 150 Zeichnungen und Fotos. **• ISBN 978-3-7578-8381-2**

Friedrich Gerlach
Die elektrische Untergrundbahn der Stadt Schöneberg
Die 1910 eröffnete Untergrundbahn der damals noch selbstständigen Stadt Schöneberg – heute die Berliner Linie U 4 – war nicht nur die zweite U-Bahn in Deutschland, sie setzte auch neue Maßstäbe bei der Baulogistik und viele Verfahren der ›Berliner Bauweise‹ wurden hier zum ersten Mal angewendet. Dem Verfasser dieses Buches, Stadtbaurat Friedrich Gerlach (1856 – 1938), oblag die oberste Leitung für das Projekt der Schöneberger Untergrundbahn und so erfährt der Leser aus erster Hand, wie die Strecke geplant und gebaut wurde. Über 120 Zeichnungen und Fotos illustrieren dieses Zeitdokument der Berliner Verkehrsgeschichte. **• ISBN 978-3-7519-1432-1**

Conrad Matschoss
Die Maschinenfabrik R. Wolf Magdeburg-Buckau 1862 – 1912
Die Lebensgeschichte des Begründers und die Entwicklung der Werke
Die Geschichte der Firma R. Wolf steht beispielhaft für den Aufstieg der deutschen Maschinenindustrie in der zweiten Hälfte des 19. Jahrhunderts. Die Lebensgeschichte des Begründers lässt besonders deutlich erkennen, wie technisches Können, vereint mit kaufmännischer und organisatorischer Begabung letzten Endes die Triebkräfte sind, die alle Schwierigkeiten überwinden. Der Technikhistoriker Conrad Matschoss verfasste diese Denkschrift zum 50-jährigen Bestehen der Maschinenfabrik R. Wolf und schuf damit ein ausführliches und mit über 150 Abbildungen illustriertes Zeitdokument der Industriegeschichte.   • *ISBN 978-3-7597-2237-9*

Friedrich Schultheis • Alexander Marx
Der Bau des Ludwigs-Kanal
zwischen Main und Donau 1836 bis 1846
Mit dem Ludwigs-Main-Donau-Kanal gelang es, die Europäische Wasserscheide zu überwinden und eine schiffbare Verbindung von der Nordsee zum Schwarzen Meer schaffen. Innerhalb von zehn Jahren wurden 100 Schleusen, über 70 Dämme sowie zahlreichen Brücken und Brückenkanäle errichtet. Friedrich Schultheis schildert hier detailreich den Fortgang der Bauarbeiten von den ersten Planungen bis zur Einweihung im Juli 1846. 26 Doppelseitige Illustrationen von Alexander Marx geben einen Eindruck von diesem Meisterwerk der Technikgeschichte.
• *ISBN 978-3-7386-4028-1*

Der Umbau des Anhalter Bahnhof
und die Berlin-Anhalter Eisenbahn
Am 15. Juni 1880 wurde das neue Empfangsgebäude der Berlin-Anhalter Eisenbahn am Askanischer Platz dem Verkehr übergeben. Doch die Eröffnung des imposanten Bauwerks von Franz Schwechten war nur eine Etappe des 1871 begonnenen Umbaus des Anhalter Bahnhof in Berlin. Auf einer Länge von 5 km wurden neben dem Personenbahnhof ein Güterbahnhof, Werkstätten, Aufstell- und Verschiebegleise und viele weitere Anlagen neu errichtet. In zeitgenössischen Originaltexten werden die Anfänge der Berlin-Anhalter Eisenbahn, der Umbau des Bahnhofs und die Architektur der Gebäude geschildert. Zahlreiche Fotos und Zeichnungen illustrieren dieses Zeitdokument der Berliner Verkehrs- und Architekturgeschichte.   • *ISBN 978-3-7431-9651-3*

Neue Bahnen denken
Alternative Schienenverkehrskonzepte im 19. Jahrhundert
Die Aufbruchstimmung und der technische Fortschritt im 19. Jahrhundert führten zu immer neuen Erfindungen, die den Verkehr beschleunigen und die Antriebe optimieren sollten. Dabei wurde oft das System von mit Dampflokomotiven bespannten Zügen auf zwei Schienen grundlegend in Frage gestellt. Manche dieser Ideen sind heute wieder aktuell, und so lohnt sich ein unverfälschter Blick auf dieses interessante Kapitel der Verkehrsgeschichte.
• *ISBN 978-3-7583-7184-4*

Hans Dominik
Denkende Maschinen
Technische Plaudereien und Betrachtungen
Der Ingenieur Hans Dominik (1872 – 1945) ist vor allem durch seine technisch-utopischen Romane bekanntgeworden. Dominik war aber in erster Linie Wissenschaftsjournalist und verfasste zahlreiche populärwissenschaftliche Beiträge für verschiedene Zeitschriften und Tageszeitungen. Dabei brachte er im lockeren Plauderton dem interessierten Laien wissenschaftliche Grundlagen und neue technische Errungenschaften näher. Dieses Buch versammelt eine repräsentative Auswahl seiner wissenschaftlichen und technischen Plaudereien.
• *ISBN 978-3-7597-8354-7*

Handel & Industrie zwischen Industrieller Revolution und Belle Époque
Der zweite Band mit 22 Zeitreisen ins 19. Jahrhundert
Ab der zweiten Hälfte des 18. Jahrhunderts ersetzten Dampfmaschinen zunehmend die Muskelkraft und ermöglichten eine zunehmende Mechanisierung der bis dahin handwerklich geprägten Güterproduktion. Der Abbau von Handelshemmnissen und neue Verkehrswege eröffneten überregionale Märkte, immer mehr Produkte mussten immer schneller und billiger produziert werden. Arbeitsteilung und Spezialisierung veränderten ganze Wirtschaftszweige. Die historischen Originalbeiträge und Abbildungen in diesem Buch geben einen unverfälschten Einblick in die Wirtschaft des 19. Jahrhunderts.
• *ISBN 978-3-7578-2490-7*

Walter Körte • Jacobus van Ronzelen
Vom Bau der Leuchttürme Roter Sand und Hohe Weg
Mitten im Watt entstand 1854 – 56 der Leuchtturm auf der Sandbank ›Hohe Weg‹. 30 Jahre später wurde dann am ›Roter Sand‹ das erste Offshore-Bauwerk der Welt errichtet. Hier schildern die verantwortlichen Baumeister aus erster Hand, wie sie noch nie dagewesene Herausforderungen meistern mussten und den Launen der Nordsee getrotzt haben.
• *ISBN 978-3-7519-2217-3*

Schmiedekunst und Glockenguss
Eine Zeitreise durch 300 Jahre Metallhandwerk
Eine Zeitreise in Originaldokumenten durch die Geschichte des Metallhandwerks vom späten 16. bis ins 19. Jahrhundert. Viele heute vergessene Techniken, Werkzeuge und Produkte werden wieder lebendig. Zahlreiche historische Holzschnitte und Kupferstiche zeigen die Werkstätten und Arbeitsweisen der vergangenen Zeit.
• *ISBN 978-3-7543-8430-5*